蒋珍珠 / 编著

抖音电商

从入门到精通 爆款商品视频剪辑

清華大学出版社

北京

内 容 简 介

本书由经验丰富的电商摄影师、剪辑师编著，详细介绍了使用抖音官方剪辑软件——剪映，制作商品视频的技巧，帮助读者快速掌握制作抖音爆款商品视频的精髓。

全书通过 3 篇、12 章专题内容，150 多分钟教学视频，200 多个素材及效果文件，790 多张图片全程图解，助你从视频剪辑小白快速成长为电商剪辑高手！

书中具体内容包括视频剪辑、视频调色、添加音频、添加文字、特效转场、效果合成，以及脚本制作、文案策划等，让读者轻松制作爆款商品视频。

本书案例丰富，结构清晰，适合从事短视频电商的从业者，特别是视频的剪辑者、运营者。也适合作为高等院校及培训机构的参考用书。本书资源包中给出了书中案例的教学视频、效果文件和素材文件。读者可扫描书中二维码及封底的"文泉云盘"二维码，手机在线观看学习并下载素材文件。

图书在版编目（CIP）数据

抖音电商从入门到精通：爆款商品视频剪辑 / 蒋珍珠编著 . —北京：清华大学出版社，2023.3

ISBN 978-7-302-62780-7

Ⅰ . ①抖… Ⅱ . ①蒋… Ⅲ . ①视频编辑软件 Ⅳ . ① TP317.53

中国版本图书馆 CIP 数据核字（2023）第 032655 号

责任编辑：贾旭龙
封面设计：长沙鑫途文化传媒
版式设计：文森时代
责任校对：马军令
责任印制：宋 林

出版发行：清华大学出版社
   网   址：http://www.tup.com.cn，http://www.wqbook.com
   地   址：北京清华大学学研大厦 A 座   邮 编：100084
   社 总 机：010-83470000   邮 购：010-62786544
   投稿与读者服务：010-62776969，c-service@tup.tsinghua.edu.cn
   质量反馈：010-62772015，zhiliang@tup.tsinghua.edu.cn
印 装 者：河北华商印刷有限公司
经   销：全国新华书店
开   本：145mm×210mm 印   张：10.375 字   数：278 千字
版   次：2023 年 4 月第 1 版   印   次：2023 年 4 月第 1 次印刷
定   价：79.80 元

产品编号：096261-01

随着抖音电商功能的不断丰富，越来越多的人养成了在抖音购物的消费习惯。对于商家和运营者来说，这意味着抖音成为一个新的销售和宣传平台，抖音短视频成为提高商品销量的有力手段。

商家和运营者若想通过抖音短视频进行带货变现，就必须掌握商品视频的制作方法。只有精心制作的商品视频，才能获得更多观看和互动，才能有效地提高商品的曝光度和销量。

剪映作为抖音官方推出的视频剪辑软件，具有功能强大和操作简单的特点。正是由于这两个特点，使得剪映能够满足商家和运营者的剪辑需求，而且对他们的剪辑能力没有过高要求，剪映也因此成为商家和运营者制作商品视频的首选软件。

本书基于视频带货和剪映的实用功能，分为手机剪辑篇、内容策划篇和电脑剪辑篇，通过这 3 篇对商品视频的内容策划和剪辑操作进行了详细介绍，具体内容安排如下。

手机剪辑篇：从视频剪辑、调色、音频、文字、特效和合成 6 个方面讲解剪映手机版的操作方法，让读者用一部手机就能制作出美观新奇的商品视频。

内容策划篇：对视频脚本、视频内容和"种草"视频的策划与制作技巧进行介绍，帮助读者快速学会热门视频的内容策划。

电脑剪辑篇：从视频剪辑、视频特效和文案策划 3 个方面介绍剪映电脑版的实用功能，帮助读者掌握更多剪辑技巧。

需要特别提醒的是，在编写本书时，笔者是基于当前各平台和软件截取的实际操作图片，但本书从编辑到出版需要一段时间，在这段时间里，软件界面与功能会有调整与变化，这是软件开发商做的更新，请在阅读时，根据书中的思路举一反三，进行学习。

本书由蒋珍珠编著，参与编写的人员还有李玲、构图君、陈进等，在此表示感谢。由于作者知识水平有限，书中难免有疏漏和不足之处，恳请广大读者批评、指正。

编　者

2023 年 3 月

CONTENTS _____ 目录

01 手机剪辑篇

02 内容策划篇

03 电脑剪辑篇

第 10 章　视频剪辑：剪出专业视频 230

01 手机剪辑篇

Chapter 01

第章

剪辑：
制作优质商品
视频

运营者拍摄商品素材后，就要运用剪辑软件将素材制作成有吸引力的商品视频，这样才能吸引用户的关注和点击，从而引导他们购买商品。本章主要介绍使用剪映 App 剪辑和导出商品视频的基本操作。

1.1　剪辑商品视频

剪映 App 作为抖音官方推出的剪辑软件，凭借其强大的功能和易上手的操作成为运营者制作商品视频的不二之选。本节主要介绍在剪映中剪辑商品视频时长、运用"定格"功能突出商品卖点和运用"一键成片"功能快速制作商品视频的操作方法。

1.1.1　剪辑商品视频时长：《拼接蕾丝裙》

【效果展示】：运营者在制作商品视频时要注意控制视频的时长，避免时间太长导致用户失去观看的耐心。如果觉得制作好的视频时长不合适，可以用剪映 App 进行剪辑，效果如图 1-1 所示。

扫码看案例效果　　　扫码看教学视频

图 1-1

下面介绍在剪映 App 中剪辑商品视频时长的操作方法。

Step 01 点击手机屏幕中的剪映图标，进入剪映主界面，点击"开始创作"按钮，如图 1-2 所示。

Step 02 执行操作后，进入"照片视频"界面，❶选择要剪辑的商品视频；❷选中"高清"选项；❸点击"添加"按钮，如图 1-3 所示。

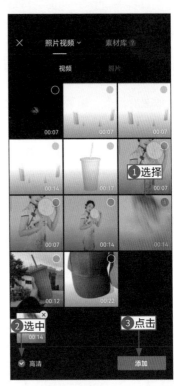

图 1-2　　　　　　　　　　　　　　图 1-3

Step 03 执行操作后，即可将商品视频导入剪映，❶拖曳时间轴至 9 s 的位置；❷选择商品视频；❸在二级工具栏中点击"分割"按钮，如图 1-4 所示。

Step 04 执行操作后，即可将视频分割为两段，并默认选中第 2 段视频，在二级工具栏中点击"删除"按钮，如图 1-5 所示，即可删除多余的视频，缩短视频时长。

图 1-4

图 1-5

Step 05 另外，运营者还可以在剪映中设置视频封面，提升视频的美观度，在视频起始位置点击"设置封面"按钮，如图 1-6 所示。

Step 06 执行操作后，进入相应界面，❶在"视频帧"选项卡中拖曳时间轴，选取合适的封面图片；❷点击"保存"按钮，如图 1-7 所示，即可完成封面设置。

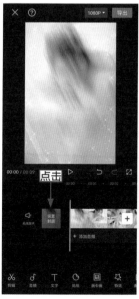

图 1-6

图 1-7

1.1.2 运用定格功能突出商品卖点：《行李箱》

【效果展示】：在制作商品视频时，运营者可以运用"定格"功能定格商品画面，再添加说明文字，让用户可以更直观地了解商品卖点，效果如图 1-8 所示。

扫码看案例效果　　扫码看教学视频

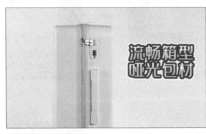

图 1-8

下面介绍在剪映 App 中运用"定格"功能突出商品卖点的操作方法。

Step 01 在剪映中导入商品视频，❶拖曳时间轴至 1 s 15 f 的位置；❷选择视频素材；❸在二级工具栏中点击"定格"按钮，如图 1-9 所示，即可自动生成定格片段。

Step 02 ❶拖曳时间轴至 6 s 的位置；❷选择第 3 段视频素材；❸在二级工具栏中点击"定格"按钮，如图 1-10 所示。

Step 03 执行操作后，即可在 6 s 的位置生成一段定格片段，用与上述操作相同的方法，在 10 s 10 f 的位置再生成一段定格片段，如图 1-11 所示，并删除多余的视频片段。

Step 04 ❶拖曳时间轴至第 1 段定格片段的起始位置；❷在一级工具栏中点击"文字"按钮，如图 1-12 所示。

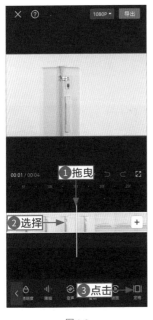

图 1-9

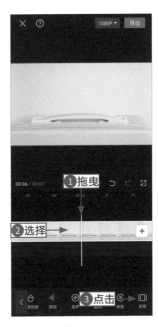

图 1-10

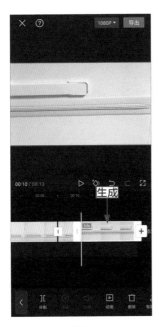

图 1-11

图 1-12

Step 05 进入文字工具栏，点击"新建文本"按钮，如图 1-13 所示。

Step 06 执行操作后，弹出相应面板，❶在文本框中输入文字内容；❷在"字体"选项卡中选择文字字体；❸在预览区域调整文字的位置，如图 1-14 所示。

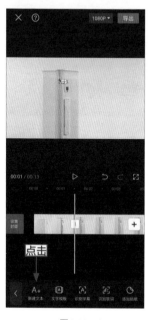

图 1-13

图 1-14

Step 07 ❶切换至"样式"选项卡；❷展开"排列"选项区；❸拖曳滑块，设置"缩放"参数为 25，如图 1-15 所示。

Step 08 ❶切换至"花字"选项卡；❷展开"蓝色"选项区；❸选择合适的花字样式，如图 1-16 所示。

Step 09 ❶切换至"动画"选项卡；❷在"入场动画"选项区中选择"左上弹入"动画；❸拖曳箭头滑块，设置动画时长为 1.0 s，如图 1-17 所示，点击✅按钮即可添加文字。

Step 10 ❶选择第 1 段定格片段；❷按住其右侧的白色拉杆并向左拖曳，设置时长为 2.0 s，如图 1-18 所示，设置完成后，文字时长会自动调整为与定格片段时长一致。

图 1-15

图 1-16

图 1-17

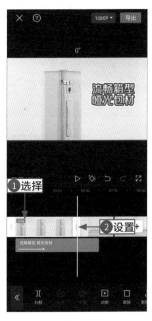

图 1-18

Step 11 用与上述操作相同的方法，将第 2 段和第 3 段定格片段的时长也设置为 2.0 s，如图 1-19 所示。

Step 12 拖曳时间轴至第 2 段定格片段的起始位置，依次点击"文字"按钮和"新建文本"按钮，❶输入文字内容；❷切换至"动画"选项卡；❸在"入场动画"选项区选择"左上弹入"动画；❹拖曳箭头滑块，设置动画时长为 1.0 s，如图 1-20 所示。

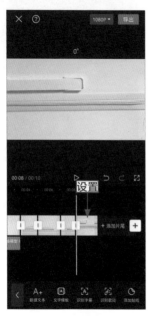

图 1-19

图 1-20

Step 13 ❶在预览区域调整文字的位置；❷调整文字的持续时长，使其与第 2 段定格片段的时长保持一致，如图 1-21 所示。

Step 14 用与上述操作相同的方法，❶为第 3 段定格片段添加说明文字并调整其位置；❷调整文字的持续时长，并为其添加"入场动画"选项区中的"右上弹入"动画，设置动画时长为 1.0 s，如图 1-22 所示。

Step 15 返回主界面，❶拖曳时间轴至视频的起始位置；❷在一级工具栏中点击"音频"按钮，如图 1-23 所示。

Step 16 进入音频工具栏，点击"音乐"按钮，如图 1-24 所示。

图 1-21

图 1-22

图 1-23

图 1-24

Step 17 执行操作后，即可进入"添加音乐"界面，选择"轻快"选项，如图1-25所示。

Step 18 点击音乐右侧的"使用"按钮，如图1-26所示，即可为视频添加背景音乐。

图1-25

图1-26

图1-27

图1-28

Step 19 ❶ 拖曳时间轴至视频的结束位置；❷ 选择添加的音乐；❸ 点击"分割"按钮，如图1-27所示。

Step 20 执行操作后，即可分割并自动选择多余的音频，点击"删除"按钮，如图1-28所示，即可删除多余的音频。

1.1.3 运用一键成片功能制作商品视频：《淑女套装》

【效果展示】：对于刚接触剪映 App 的运营者来说，可以运用"一键成片"功能轻松、快速地制作好看的商品视频，效果如图1-29所示。

扫码看案例效果　　扫码看教学视频

图 1-29

下面介绍在剪映 App 中运用"一键成片"功能制作商品视频的操作方法。

Step 01 打开剪映App，在主界面中点击"一键成片"按钮，如图1-30所示。

Step 02 执行操作后，进入"照片视频"界面，❶选择商品素材；❷点击"下一步"按钮，如图 1-31 所示。

Step 03 执行操作后，弹出"智能识别中"对话框，识别完成后，进入"选择模板"界面，自动选择第 1 个模板并播放视频效果，如图 1-32 所示。

Step 04 如果运营者想更改模板，可以在"推荐模板"选项区选择模板，如图 1-33 所示。

图 1-30

图 1-31

图 1-32

图 1-33

Step 05 选择模板样式后，运营者还可以调整视频效果，点击模板封面的"点击编辑"按钮，即可进入模板编辑界面，❶切换至"文本编辑"选项卡；❷选择文本 1 选项；❸点击"点击编辑"按钮，如图 1-34 所示。

Step 06 执行操作后，弹出文本编辑框，❶修改文本内容；❷点击 ✓ 按钮，如图 1-35 所示，确认更改。

图 1-34

图 1-35

Step 07 用与上述操作相同的方法，修改其他的文本内容，如图 1-36 所示。

Step 08 完成所有修改后，运营者就可以导出视频了，❶点击"导出"按钮；❷在弹出的"导出设置"面板中点击"无水印保存并分享"按钮，如图 1-37 所示。

Step 09 执行操作后，即可开始导出视频，此时会显示导出进度，如图 1-38 所示。

Step 10 导出完成后，自动跳转至抖音 App 的视频编辑界面，如图 1-39 所示，运营者可以选择直接发布视频，也可以退出界面进行其他操作。

图 1-36

图 1-37

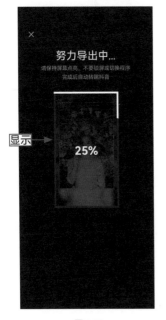

图 1-38

图 1-39

特别 提醒	在导出视频时，如果运营者在"导出设置"面板中点击⬇按钮，将导出带有剪映水印的视频，这样的视频不够美观，影响用户的观看体验。因此，运营者在导出时要点击"无水印保存并分享"按钮，虽然这样会自动跳转到抖音的视频编辑界面，但导出的视频没有水印。

1.2 设置商品视频

运营者在制作商品视频时，可能会遇到很多问题，例如想把横屏的素材制作成竖屏的视频，不想剪裁素材但又想调整商品视频的时长，以及制作完成后如何导出高清的视频等，本节将针对这些问题介绍相应的解决方法。

1.2.1 调整商品画面比例：《复古旗袍》

【效果展示】：如果运营者想将拍摄的横屏素材制作成竖屏视频，可以使用剪映的"比例"和"裁剪"功能调整商品画面的比例，效果如图1-40所示。

扫码看案例效果　　扫码看教学视频

图 1-40

下面介绍在剪映 App 中调整商品画面比例的操作方法。

Step 01 在剪映中导入 4 段商品素材，依次点击"音频"按钮和"提取音乐"按钮，如图 1-41 所示。

Step 02 执行操作后，进入"照片视频"界面，❶选择要提取音乐的视频；❷点击"仅导入视频的声音"按钮，如图 1-42 所示，将提取的音频添加到音频轨道。

图 1-41

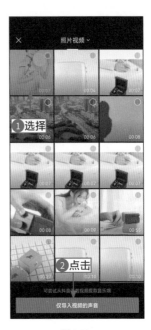

图 1-42

Step 03 ❶选择音频；❷点击"踩点"按钮，如图 1-43 所示。

Step 04 弹出"踩点"面板，❶点击"自动踩点"按钮；❷选择"踩节拍 I"选项，如图 1-44 所示，即可自动生成 4 个小黄点。

Step 05 点击✅按钮返回上一级面板，点击第 1 段素材和第 2 段素材中间的转场按钮 ⊡，如图 1-45 所示。

Step 06 执行操作后，弹出"转场"面板，❶切换至"遮罩转场"选项卡；❷选择"云朵"转场，如图 1-46 所示，即可在第 1 段素材和第 2 段素材之间添加转场。

图 1-43

图 1-44

图 1-45

图 1-46

Step 07 用与上述操作相同的方法，分别在第 2 段和第 3 段素材、第 3 段和第 4 段素材之间添加"遮罩转场"选项卡中的"云朵Ⅱ"转场和"撕纸"转场，如图 1-47 所示。

Step 08 点击 ✓ 按钮返回上一级面板，根据小黄点的位置调整 4 段素材的时长，使每段素材的结束位置分别对齐一个小黄点，如图 1-48 所示。

图 1-47

图 1-48

Step 09 点击 ⟨ 按钮返回主界面，在一级工具栏中点击"比例"按钮，如图 1-49 所示。

Step 10 执行操作后，进入比例工具栏，选择 9:16 选项，如图 1-50 所示，即可将横屏视频调整为竖屏视频。

Step 11 虽然视频的比例已经改变了，但是视频画面还是横屏的，所以还需要运用"裁剪"功能调整视频的画面比例，❶选择第 1 段素材；❷在三级工具栏中点击"编辑"按钮，如图 1-51 所示。

Step 12 执行操作后，进入编辑工具栏，点击"裁剪"按钮，如图 1-52 所示。

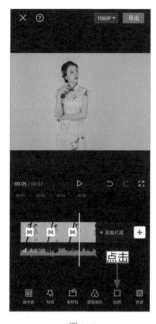

图 1-49

图 1-50

图 1-51

图 1-52

Step 13 执行操作后，进入"裁剪"界面，❶选择 9∶16 选项；❷调整画面的大小和位置，使人物位于九宫格的中间位置，如图 1-53 所示。

Step 14 点击✓按钮确认裁剪，在预览区域放大画面，使其铺满全屏，如图 1-54 所示。

图 1-53

图 1-54

Step 15 用与上述操作相同的方法，对剩下的 3 段素材进行裁剪，并调整画面大小，如图 1-55 所示。

Step 16 为了让视频更美观，还可以为其添加文字和贴纸，❶拖曳时间轴至视频起始位置；❷在一级工具栏中点击"文字"按钮，如图 1-56 所示。

Step 17 点击"新建文本"按钮，❶在文本框中输入文字内容；❷在"字体"选项卡中选择文字字体，如图 1-57 所示。

Step 18 ❶切换至"样式"选项卡；❷选择文字样式；❸在"文本"选项区更改文字颜色，如图 1-58 所示。

图 1-55

图 1-56

图 1-57

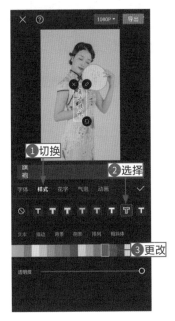

图 1-58

Step 19 ❶切换至"排列"选项区；❷拖曳滑块，设置"缩放"参数为40，如图 1-59 所示。

Step 20 ❶切换至"动画"选项卡；❷在"入场动画"选项区中选择"向下擦除"动画；❸拖曳箭头滑块，设置动画时长为 2.0 s，如图 1-60 所示。

图 1-59

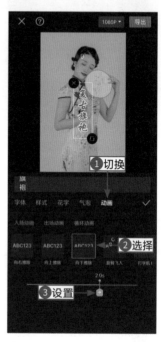

图 1-60

Step 21 点击✓按钮确认添加文字，❶在预览区域调整文字的位置；❷调整文字的持续时长，使其与视频时长保持一致，如图 1-61 所示。

Step 22 点击《按钮返回上一级面板，❶拖曳时间轴至视频起始位置；❷点击"添加贴纸"按钮，如图 1-62 所示，进入贴纸素材库。

Step 23 ❶在搜索框输入"古风边框"；❷点击"搜索"按钮，如图 1-63 所示，搜索贴纸。

Step 24 ❶选择要添加的贴纸；❷点击"关闭"按钮，如图 1-64 所示。

图 1-61

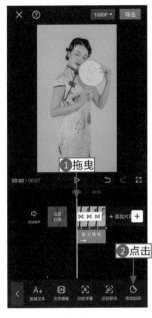

图 1-62

图 1-63

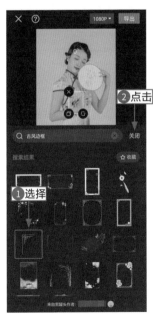

图 1-64

Step 25 点击 ✓ 按钮返回上一级面板，❶在预览区域调整贴纸的大小和位置；❷调整贴纸的持续时长，使其与视频时长保持一致，如图1-65所示。

Step 26 在三级工具栏中点击"复制"按钮，复制一个贴纸，在预览区域将复制的贴纸顺时针旋转180°，并调整其大小和位置，如图1-66所示。

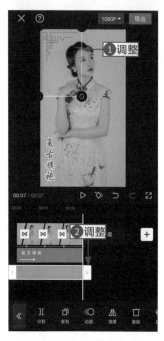

图 1-65

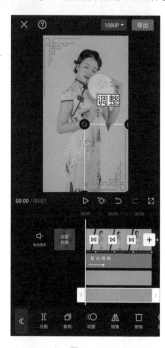

图 1-66

Step 27 返回主界面，在一级工具栏中点击"滤镜调色"按钮，如图1-67所示，弹出"滤镜"面板。

Step 28 ❶切换至"影视级"选项卡；❷选择"琥珀"滤镜；❸拖曳滑块，设置滤镜强度参数为65，如图1-68所示。

Step 29 ❶点击"调节"按钮，切换至"调节"面板；❷选择"饱和度"选项；❸拖曳滑块，设置"饱和度"参数为5，如图1-69所示。

Step 30 ❶选择"色温"选项；❷拖曳滑块，设置"色温"参数为15，如图1-70所示。

图 1-67

图 1-68

图 1-69

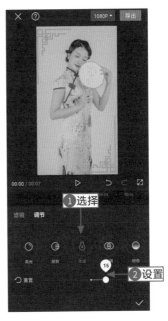

图 1-70

Step 31 ❶选择"色调"选项；❷拖曳滑块，设置"色调"参数为10，如图1-71所示。

Step 32 点击✅按钮确认添加滤镜调节效果，调整滤镜调节效果的持续时长，使其与视频时长保持一致，如图1-72所示。

图 1-71

图 1-72

1.2.2 调整商品视频的播放速度：《吸管水杯》

【效果展示】：运营者可以使用剪映的"变速"功能调整商品视频的播放速度，以实现调整商品视频时长的目的，效果如图1-73所示。

扫码看案例效果

扫码看教学视频

图 1-73

下面介绍在剪映 App 中调整商品视频播放速度的操作方法。

Step 01 在剪映中导入商品视频，❶选择视频；❷在二级工具栏中点击"变速"按钮，如图 1-74 所示。

Step 02 进入变速工具栏，点击"常规变速"按钮，如图 1-75 所示。

图 1-74

图 1-75

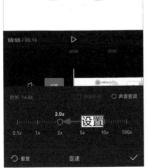

图 1-76

图 1-77

Step 03 执行操作后，弹出"变速"面板，向右拖曳圆环滑块，设置"变速"参数为 2.0 x，如图 1-76 所示。设置完成后，在"变速"面板中可以看到视频时长从 14.0 s 变成了 7.0 s，这说明视频的时长缩短了。

Step 04 为视频添加背景音乐，如图 1-77 所示。

1.2.3 导出高品质商品视频：《波点套装》

【效果展示】：在剪映 App 中运营者可以对导出视频的分辨率和帧率进行设置，从而获得更清晰的商品视频，效果如图 1-78 所示。

扫码看案例效果　　扫码看教学视频

图 1-78

下面介绍在剪映 App 中导出高品质商品视频的操作方法。

Step 01 在剪映中导入视频素材，点击"1080P"按钮，如图 1-79 所示。

Step 02 执行操作后，弹出相应面板，如图 1-80 所示，可以看到剪映默认的视频导出分辨率为 1080P，帧率为 30。

Step 03 如果运营者想导出更高清的视频，可以❶拖曳滑块，设置"分辨率"为 2K/4K；❷拖曳滑块，设置"帧率"为 60，如图 1-81 所示。

Step 04 ❶为视频添加背景音乐；❷点击"导出"按钮，如图 1-82 所示，即可按设置的参数进行导出。

图 1-79

图 1-80

图 1-81

图 1-82

第2章

**调色：
增加商品的吸
引力**

商品视频的画面是吸引用户的第一个要素，如果画面不好看，用户很可能会对商品失去兴趣，选择不观看视频，此时运营者可以使用剪映的"滤镜"和"调节"功能对视频进行调色处理，增加商品的吸引力。

2.1　调节商品画面

　　在拍摄过程中，拍摄的视频可能受到天气、环境等因素的影响，出现画面暗淡、颜色失真等问题，这些问题会影响用户的观感和判断，让用户觉得商品不值得购买，从而影响商品的销量。因此，运营者要对商品画面进行适当的调节，为用户提供良好的视觉体验。

2.1.1　调节商品的颜色：《草帽》

【效果展示】：如果运营者发现视频中的商品颜色与实物不符，可以运用"调节"功能对商品颜色进行调整。调色前后的效果对比如图 2-1 所示。

扫码看案例效果　扫码看教学视频

图 2-1

　　下面介绍在剪映 App 中调节商品颜色的操作方法。

Step 01 在剪映中导入一段商品素材，选择素材，在二级工具栏中点击"调节"按钮，如图 2-2 所示。

Step 02 执行操作后，弹出"调节"面板，❶选择"饱和度"选项；❷拖曳滑块，设置参数为 10，如图 2-3 所示，使画面色彩更加浓郁。

Step 03 ❶选择"色温"选项；❷拖曳滑块，设置参数为 10，如图 2-4 所示，使整体画面偏黄一些。

Step 04 ❶选择"色调"选项；❷拖曳滑块，设置参数为 6，如图 2-5 所示，深化画面中的黄色效果。

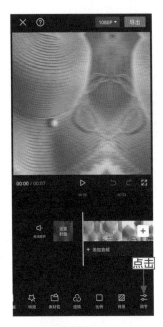

图 2-2

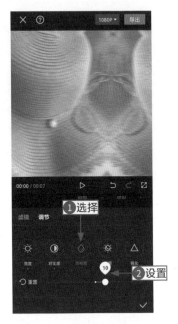

图 2-3

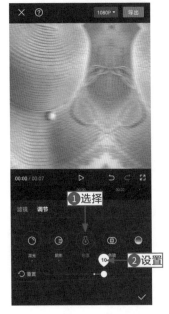

图 2-4

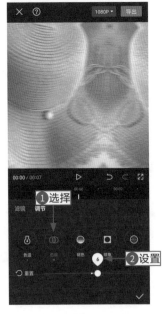

图 2-5

Step 05 点击☑按钮添加调节效果，在视频起始位置点击"设置封面"按钮，如图 2-6 所示。

Step 06 执行操作后，进入相应界面，❶在"视频帧"选项卡中拖曳时间轴，选择封面图片；❷点击"保存"按钮，如图 2-7 所示，即可完成封面的设置。

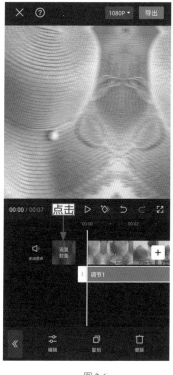

图 2-6

图 2-7

2.1.2 调节商品的亮度：《藤编扇》

【效果展示】：明亮的画面可以提高视频的美观度，也可以更清晰地展示商品细节，加深用户对商品的了解。调色前后的效果对比如图 2-8 所示。

扫码看案例效果　　扫码看教学视频

图 2-8

下面介绍在剪映 App 中调节商品亮度的操作方法。

Step 01 在剪映中导入一段商品素材，在一级工具栏中点击"调节"按钮，如图 2-9 所示。

Step 02 弹出"调节"面板，❶选择"亮度"选项；❷拖曳滑块，设置参数为 8，如图 2-10 所示，提高画面的整体亮度。

图 2-9　　　　　　　　　　　　图 2-10

Step 03 ❶选择"对比度"选项；❷拖曳滑块，设置参数为 10，如图 2-11 所示，提高画面的明暗对比。

Step 04 ❶选择"光感"选项；❷拖曳滑块，设置参数为 8，如图 2-12 所示，增加画面的光线亮度。

图 2-11

图 2-12

Step 05 ❶选择"高光"选项；❷拖曳滑块，设置参数为 10，如图 2-13 所示，提高画面中高光部分的亮度。

Step 06 ❶选择"阴影"选项；❷拖曳滑块，设置参数为 5，如图 2-14 所示，让画面中的暗处变亮。

Step 07 返回主界面，依次点击"特效"按钮和"画面特效"按钮，如图 2-15 所示。

Step 08 进入特效素材库，❶切换至"边框"选项卡；❷选择"秋日暖黄"特效，如图 2-16 所示。

图 2-13

图 2-14

图 2-15

图 2-16

Step 09 点击 ✓ 按钮确认添加特效，在特效轨道中调整特效的持续时长，使其与视频时长保持一致，如图 2-17 所示。

Step 10 为视频添加背景音乐，如图 2-18 所示。

图 2-17

图 2-18

2.1.3 调节商品的质感：《手镯》

【效果展示】：通过调节商品的质感，运营者可以让视频画面更明亮、商品颜色更浓郁。调节前后的效果对比如图 2-19 所示。

扫码看案例效果　扫码看教学视频

图 2-19

　　下面介绍在剪映 App 中调节商品质感的操作方法。

Step 01 在剪映中导入一段商品素材，在一级工具栏中点击"调节"按钮，如图 2-20 所示。

Step 02 弹出"调节"面板，❶选择"对比度"选项；❷拖曳滑块，设置参数为 19，如图 2-21 所示，加强画面的明暗对比度。

图 2-20

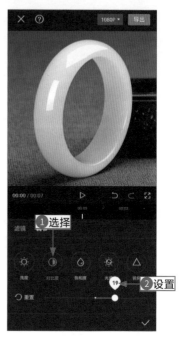

图 2-21

Step 03 ❶选择"饱和度"选项；❷拖曳滑块，设置参数为 15，如图 2-22 所示，增加画面的色彩饱和度。

Step 04 ❶选择"光感"选项；❷拖曳滑块，设置参数为 5，如图 2-23 所示，增加画面的光线亮度。

Step 05 ❶选择"锐化"选项；❷拖曳滑块，设置参数为 15，如图 2-24 所示，使画面更清晰。

Step 06 ❶选择"高光"选项；❷拖曳滑块，设置参数为 5，如图 2-25 所示，使画面的高光部分更亮。

图 2-22

图 2-23

图 2-24

图 2-25

Step 07 ❶选择"色温"选项；❷拖曳滑块，设置参数为 7，如图 2-26 所示，使画面偏暖色调。

Step 08 ❶选择"色调"选项；❷拖曳滑块，设置参数为 8，如图 2-27 所示，使画面色彩更亮。

图 2-26

图 2-27

Step 09 返回主界面，依次点击"文字"按钮和"新建文本"按钮，如图 2-28 所示。

Step 10 ❶在文本框中输入文字内容；❷在"字体"选项卡中选择字体，如图 2-29 所示。

Step 11 ❶切换至"样式"选项卡；❷展开"排列"选项区；❸拖曳滑块，设置"缩放"参数为 25，如图 2-30 所示。

Step 12 ❶切换至"花字"选项卡；❷展开"黄色"选项区；❸选择花字样式，如图 2-31 所示。

图 2-28

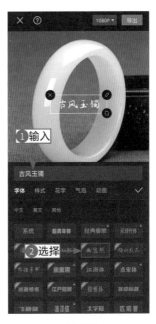

图 2-29

图 2-30

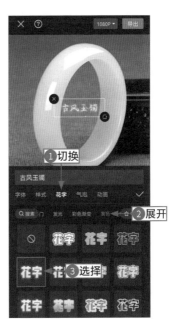

图 2-31

Step 13 ❶切换至"动画"选项卡；❷在"入场动画"选项区中选择"逐字显影"动画；❸拖曳箭头滑块，设置动画时长为 1.5 s，如图 2-32 所示。

Step 14 点击✅按钮确认添加字幕，❶在预览区域调整文字的位置；❷在字幕轨道调整文字的持续时长，使其与视频时长保持一致，如图 2-33 所示。

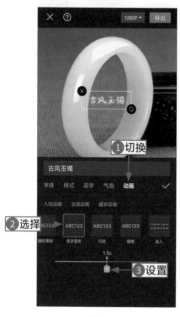

图 2-32

图 2-33

Step 15 在三级工具栏中点击"复制"按钮，复制一段文字，❶修改复制的文字内容；❷在预览区域调整复制文字的位置，如图 2-34 所示。

Step 16 点击《按钮返回到上一级面板，❶拖曳时间轴至起始位置；❷在二级工具栏中点击"添加贴纸"按钮，如图 2-35 所示。

Step 17 进入贴纸素材库，❶输入并搜索"推荐"贴纸；❷在搜索结果中选择贴纸，如图 2-36 所示。

Step 18 点击"关闭"按钮确认添加贴纸，❶在预览区域调整贴纸的位置和大小；❷调整贴纸的持续时长，使其与视频时长保持一致，如图 2-37 所示。

图 2-34

图 2-35

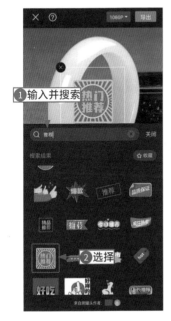

图 2-36

图 2-37

2.2　优化商品色彩

　　运营者在对视频进行后期处理时，除了要尽量还原商品的本色，还要适当地优化商品颜色。只有这样，才能增加商品的吸引力，提高商品的销量。本节介绍让视频画面更清透、增加食物的诱惑力，以及为商品增添复古氛围的操作方法。

2.2.1　让视频画面更清透：《耳环》

【效果展示】：如果视频画面总是灰蒙蒙的，就会降低用户的观看可能性，因此运营者需要让视频画面变得清透。调色前后的效果对比如图 2-38 所示。

扫码看案例效果　扫码看教学视频

图 2-38

　　下面介绍在剪映 App 中让视频画面更清透的操作方法。

Step 01 在剪映中导入一段视频素材，在一级工具栏中点击"滤镜"按钮，如图 2-39 所示。

Step 02 执行操作后，弹出"滤镜"面板，❶切换至"复古胶片"选项卡；❷选择 KE1 滤镜；❸拖曳滑块，设置滤镜强度参数为 70，如图 2-40 所示。

Step 03 ❶切换至"调节"面板；❷选择"对比度"选项；❸拖曳滑块，设置参数为 10，如图 2-41 所示，加强画面中的明暗对比度。

Step 04 ❶选择"饱和度"选项；❷拖曳滑块，设置参数为 5，如图 2-42 所示，提高画面的色彩浓度。

图 2-39

图 2-40

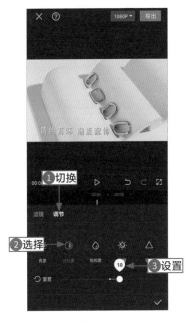

图 2-41

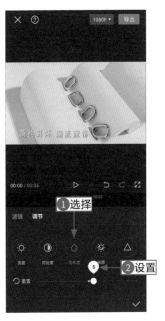

图 2-42

Step 05 ①选择"锐化"选项；②拖曳滑块，设置参数为 13，如图 2-43 所示，使画面更清晰。

Step 06 ①选择"阴影"选项；②拖曳滑块，设置参数为 -7，如图 2-44 所示，使画面中的暗处更暗一些。

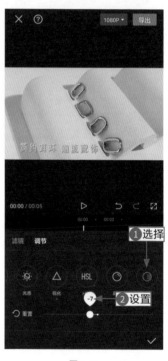

图 2-43 图 2-44

Step 07 ①选择"色温"选项；②拖曳滑块，设置参数为 10，如图 2-45 所示，使画面偏黄。

Step 08 ①选择"色调"选项；②拖曳滑块，设置参数为 6，如图 2-46 所示，使画面偏暖色调。

Step 09 返回主界面，依次点击"特效"按钮和"画面特效"按钮，如图 2-47 所示。

Step 10 进入特效素材库，①切换至"边框"选项卡；②选择"白色线框"特效，如图 2-48 所示。

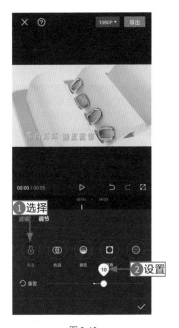

图 2-45

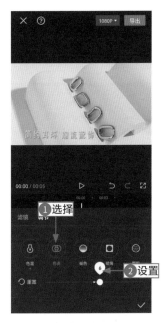

图 2-46

图 2-47

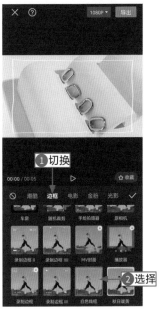

图 2-48

Step 11 点击☑按钮确认添加特效，调整特效的持续时长，使其与视频时长保持一致，如图 2-49 所示。

Step 12 为视频添加背景音乐，如图 2-50 所示。

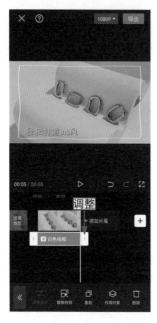
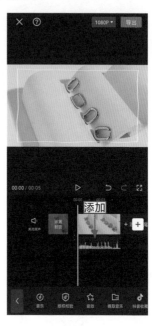

图 2-49　　　　　　　　　　　　　　　　　图 2-50

2.2.2　增加食物的诱惑力：《面包》

【效果展示】：用户在通过视频观看食物时，第一眼看到的就是食物的色泽，因此对食物进行调色是很有必要的一件事。调色前后的效果对比如图 2-51 所示。

扫码看案例效果　　扫码看教学视频

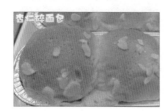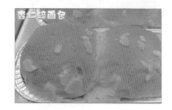

图 2-51

下面介绍在剪映 App 中增加食物诱惑力的操作方法。

Step 01 导入视频素材，在一级工具栏中点击"滤镜"按钮，如图 2-52 所示。

Step 02 执行操作后，弹出"滤镜"面板，❶切换至"美食"选项卡；❷选择"暖食"滤镜，如图 2-53 所示。

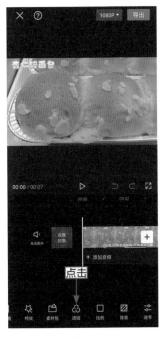

图 2-52

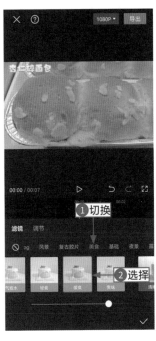

图 2-53

Step 03 ❶切换至"调节"面板；❷选择"对比度"选项；❸拖曳滑块，设置参数为 9，如图 2-54 所示，加强画面中的明暗对比度。

Step 04 ❶选择"饱和度"选项；❷拖曳滑块，设置参数为 5，如图 2-55 所示，提高画面的色彩浓度。

Step 05 ❶选择"光感"选项；❷拖曳滑块，设置参数为 5，如图 2-56 所示，增加画面的光线亮度。

Step 06 ❶选择"色温"选项；❷拖曳滑块，设置参数为 9，如图 2-57 所示，使画面色彩偏黄。

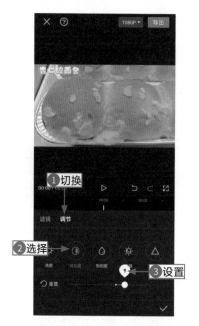

图 2-54

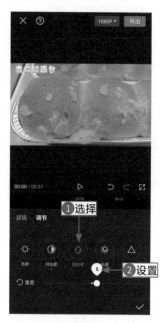

图 2-55

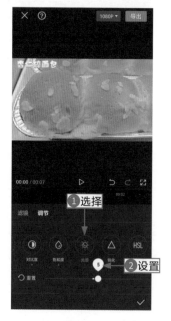

图 2-56

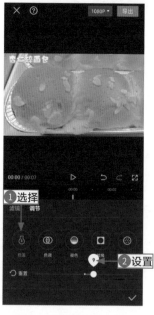

图 2-57

Step 07 ❶选择"色调"选项；❷拖曳滑块，设置参数为10，如图2-58所示，为画面增添红色。

Step 08 ❶选择"颗粒"选项；❷拖曳滑块，设置参数为8，如图2-59所示，为画面增加颗粒感。

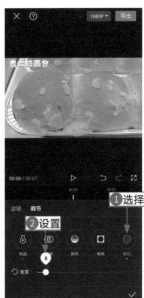

图 2-58　　　　　　　　图 2-59

2.2.3 为商品增添复古氛围：《吊带裙》

【效果展示】：通过调色，运营者可以为商品增添复古氛围，让用户更容易被带入情境中。调色前后的效果对比如图 2-60 所示。

扫码看案例效果　扫码看教学视频

图 2-60

下面介绍在剪映 App 中为商品增添复古氛围的操作方法。

Step 01 在剪映中导入一段视频素材，在一级工具栏中点击"滤镜"按钮，如图 2-61 所示。

Step 02 执行操作后，弹出"滤镜"面板，❶切换至"复古胶片"选项卡；❷选择"姜饼红"滤镜，如图 2-62 所示。

图 2-61

图 2-62

Step 03 ❶切换至"调节"面板；❷选择"亮度"选项；❸拖曳滑块，设置参数为 5，如图 2-63 所示，提高画面的整体亮度。

Step 04 ❶选择"对比度"选项；❷拖曳滑块，设置参数为 6，如图 2-64 所示，加强画面的明暗对比度。

Step 05 ❶选择"饱和度"选项；❷拖曳滑块，设置参数为 5，如图 2-65 所示，使画面中的色彩更浓郁、鲜艳。

Step 06 ❶选择"锐化"选项；❷拖曳滑块，设置参数为 13，如图 2-66 所示，使画面变清晰。

图 2-63

图 2-64

图 2-65

图 2-66

Step 07 ❶选择"色温"选项；❷拖曳滑块，设置参数为7，如图2-67所示，使画面偏黄。

Step 08 ❶选择"颗粒"选项；❷拖曳滑块，设置参数为4，如图2-68所示，为画面增加颗粒感。

图 2-67

图 2-68

Step 09 点击 ✓ 按钮，确认添加滤镜调节效果，❶选择视频素材；❷在三级工具栏中点击"美颜美体"按钮，如图2-69所示。

Step 10 执行操作后，进入美颜美体工具栏，点击"智能美颜"按钮，如图2-70所示。

Step 11 弹出"智能美颜"面板，默认选择"磨皮"选项，拖曳滑块，设置参数为40，如图2-71所示。

Step 12 ❶选择"瘦脸"选项；❷拖曳滑块，设置参数为30，如图2-72所示，让模特的脸型变小。

图 2-69

图 2-70

图 2-71

图 2-72

Step 13 返回到主界面，在一级工具栏中点击"特效"按钮，如图 2-73 所示。

Step 14 进入特效工具栏，点击"画面特效"按钮，如图 2-74 所示。

图 2-73

图 2-74

Step 15 进入特效素材库，❶切换至"边框"选项卡；❷选择"白胶边框"特效，如图 2-75 所示。

Step 16 点击✅按钮确认添加特效，❶调整特效的持续时长，使其与视频时长保持一致；❷在三级工具栏中点击"调整参数"按钮，如图 2-76 所示。

Step 17 弹出"调整参数"面板，拖曳滑块，设置"噪点强度"的参数为 0，如图 2-77 所示。

Step 18 为视频添加背景音乐，如图 2-78 所示。

图 2-75

图 2-76

图 2-77

图 2-78

第**3**章

音频：
调动用户的积
极性

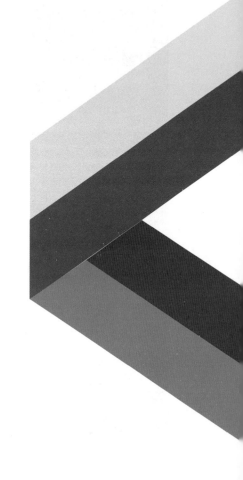

音频是商品视频吸引用户的
另一个重要因素，没有声音或只
有杂音的商品视频，很难让用户
坚持看完，更不要说引起用户的
购买欲了。而且，音频除了能给
用户带来愉悦的听觉体验，还能
从另一个维度向用户介绍商品。

3.1　添加合适的音频

　　制作商品视频时除了要保证画面美观，选择合适的音频也非常重要。运营者可以为视频添加热门的背景音乐，提高视频的热度；也可以为视频添加恰当的音效，更好地展示商品性能；还可以为商品录制专属解说音频，让用户能深度了解商品。

3.1.1　为视频添加热门音乐：《多肉套装》

【效果展示】：为商品视频添加抖音中的热门音乐可以增加视频的热度，提高视频的观看率，从而增加商品的点击率，而且操作非常简单，可以节省运营者寻找背景音乐的时间，画面效果如图 3-1 所示。

扫码看案例效果　　扫码看教学视频

图 3-1

　　运营者如果想给自己的商品视频添加抖音的热门音乐，要先在抖音中收藏音乐，这样才能在剪映的"抖音收藏"选项卡中选择添加收藏的歌曲。

运营者要打开抖音 App，点击搜索按钮🔍，进入搜索界面，❶点击"音乐榜"按钮，查看抖音热门歌曲；❷选择任意歌曲，如图 3-2 所示，即可进入"抖音音乐榜"界面。运营者在该界面点击歌曲右侧的收藏按钮☆，如图 3-3 所示，即可收藏该歌曲。

图 3-2

图 3-3

下面介绍在剪映 App 中为视频添加热门音乐的操作方法。

Step 01 在剪映中导入一段视频素材，点击素材前方的"关闭原声"按钮，如图 3-4 所示，将对视频进行静音处理。

Step 02 在一级工具栏中点击"音频"按钮，进入音频工具栏，点击"抖音收藏"按钮，如图 3-5 所示。

Step 03 执行操作后，进入"添加音乐"界面，并自动切换至"抖音收藏"选项卡，点击音乐右侧的"使用"按钮，如图 3-6 所示。

Step 04 执行操作后，即可为视频添加收藏的热门音乐，运营者可以使用分割和删除的操作保留音乐的精彩片段，❶拖曳时间轴至 13 s 的位置；❷选择添加的音频；❸在三级工具栏中点击"分割"按钮，如图 3-7 所示。

图 3-4

图 3-5

图 3-6

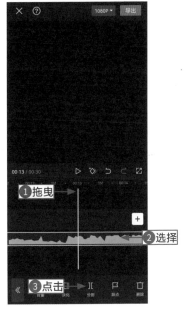

图 3-7

Step 05 ❶选择分割出的前半段音频；❷在三级工具栏中点击"删除"按钮，如图 3-8 所示，即可删除不需要的音频片段。

Step 06 在音频轨道中点击剩下的音频并向左拖曳，调整音频的位置，使其起始位置与视频的起始位置对齐，如图 3-9 所示。

图 3-8

图 3-9

图 3-10

图 3-11

Step 07 ❶拖曳时间轴至视频结束位置；❷在三级工具栏中点击"分割"按钮，如图 3-10 所示，即可将多余的音频片段分割出来。

Step 08 点击"删除"按钮，如图 3-11 所示，再次删除不需要的音频片段。

3.1.2　为视频添加音效：《音乐盒》

【效果展示】：在商品视频中，运营者可以
添加恰当的音效让视频更具有趣味性，也能
更直观地向用户展示商品卖点，画面效果如
图 3-12 所示。

扫码看案例效果　扫码看教学视频

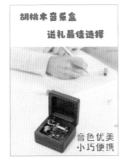 

图 3-12

下面介绍在剪映 App 中为视频添加音效的操作方法。

Step 01 在剪映中导入
商品视频，拖曳时间
轴至 2 s 的位置，在
一级工具栏中点击"音
频"按钮，如图 3-13
所示。

Step 02 进入音频工具
栏，点击"音效"按
钮，如图 3-14 所示。

图 3-13　　　　　　　图 3-14

Step 03 进入音效素材库，❶在搜索框中输入"音乐盒"；❷点击"搜索"按钮，如图 3-15 所示，搜索音效。

Step 04 在"搜索结果"列表中，❶选择音效，即可试听；❷点击该音效右侧的"使用"按钮，如图 3-16 所示，为视频添加音效。

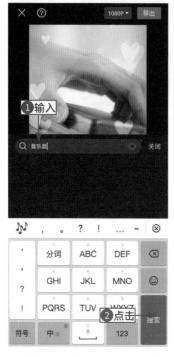

图 3-15

图 3-16

Step 05 ❶拖曳时间轴至视频结束位置；❷选择添加的音效；❸在三级工具栏中点击"分割"按钮，如图 3-17 所示。

Step 06 在三级工具栏中点击"删除"按钮，如图 3-18 所示，即可删除多余的音效片段。

Step 07 ❶选择音效；❷在三级工具栏中点击"音量"按钮，如图 3-19 所示。

Step 08 弹出"音量"面板，向右拖曳滑块，设置"音量"参数为398，如图 3-20 所示。

图 3-17

图 3-18

图 3-19

图 3-20

3.1.3 为商品录制解说音频：《抱枕》

【效果展示】：运营者自己为商品录制解说音频，可以拉近商品与用户之间的距离，增加用户的信任度，画面效果如图 3-21 所示。

扫码看案例效果　扫码看教学视频

图 3-21

下面介绍在剪映 App 中为商品录制解说音频的操作方法。

Step 01 在剪映中导入商品视频，点击"音频"按钮，进入音频工具栏，点击"录音"按钮，如图 3-22 所示。

Step 02 执行操作后，弹出"点击或长按进行录制"面板，点击 🎤 按钮，如图 3-23 所示，会出现倒计时提示，倒计时结束后即可开始录音。

图 3-22　　　　　　　图 3-23

Step 03 录制结束后，点击█按钮，即可结束录音，并在音频轨道中自动生成录音音频，如图 3-24 所示。

Step 04 用与上述操作相同的方法，根据视频中的文案在适当位置再录制两段解说音频，如图 3-25 所示。

图 3-24　　　　　　　图 3-25

3.2　设置视频声音

如果运营者想制作更有趣的声音效果，或者让视频的画面与音乐更具有动感，可以调整商品视频的音量、为录音设置变声效果，以及制作卡点视频，让运营者的视频更受欢迎。

3.2.1　调整商品视频的音量：《计时器》

【效果展示】：当视频中同时存在解说音频和背景音乐时，很容易出现两段音频相互干扰的情况，因此运营者要及时调整音乐的音量，画面效果如图 3-26 所示。

扫码看案例效果　扫码看教学视频

图 3-26

下面介绍在剪映 App 中调整商品视频音量的操作方法。

Step 01 在剪映中导入商品视频，依次点击"音频"按钮和"提取音乐"按钮，如图 3-27 所示。

Step 02 执行操作后，进入"照片视频"界面，❶选择要提取音乐的视频；❷点击"仅导入视频的声音"按钮，如图 3-28 所示，将提取的音频添加到音频轨道上。

图 3-27

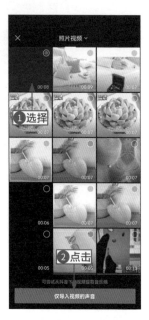

图 3-28

Step 03 ❶选择音频；❷拖曳时间轴至 5 s 的位置；❸点击添加关键帧按钮 ◈，如图 3-29 所示，添加一个关键帧。

Step 04 ❶拖曳时间轴，使其向左移动 5 f；❷点击添加关键帧按钮 ◈，如图 3-30 所示，再添加一个关键帧。

Step 05 在三级工具栏中点击"音量"按钮，弹出"音量"面板，拖曳滑块，设置"音量"参数为 20，如图 3-31 所示。

Step 06 点击 ✔ 按钮，返回上一级面板，❶拖曳时间轴至起始位置；❷点击添加关键帧按钮 ◈，如图 3-32 所示，在音频起始位置添加一个关键帧。

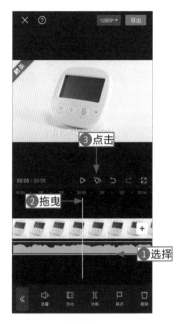

图 3-29

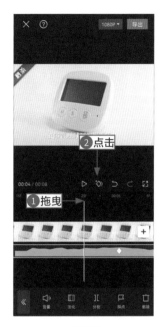

图 3-30

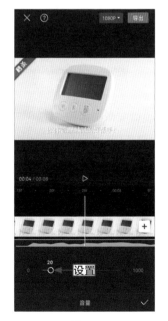

图 3-31

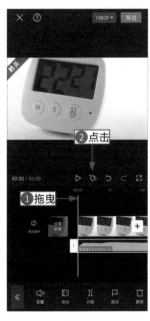

图 3-32

特别提醒	运用"音量"功能可以调节背景音乐的音量大小，避免出现背景音乐音量太大导致用户难以听清解说音频的情况；而运用"关键帧"功能可以制作音量高低变化的效果，让用户在有解说音频的地方可以听清解说内容，在没有解说音频的地方可以欣赏背景音乐。

3.2.2 为商品解说设置变声效果：《咸鸭蛋》

【效果展示】：如果运营者在录制解说音频时，觉得自己的声音不好听或者不想用自己本来的声音，可以对录音进行变声处理，视频画面效果如图 3-33 所示。

扫码看案例效果　扫码看教学视频

图 3-33

下面介绍在剪映 App 中为商品解说设置变声的操作方法。

Step 01 在剪映中导入商品视频，依次点击"音频"按钮和"录音"按钮，如图 3-34 所示。

Step 02 弹出"点击或长按进行录制"面板，按住🎤按钮，如图 3-35 所示，开始录制音频，录制结束后，松开🎤按钮，即可生成相应的解说音频。

Step 03 用与上述操作相同的方法，根据视频的文案，在适当的位置再录制两段解说音频，如图 3-36 所示。

Step 04 ❶选择录制的第 1 段音频；❷在三级工具栏中点击"变声"按钮，如图 3-37 所示。

图 3-34

图 3-35

图 3-36

图 3-37

Step 05 弹出"变声"面板，❶在"基础"选项卡中选择"大叔"变声效果；❷点击✓按钮，如图 3-38 所示，确认设置变声效果。

Step 06 用与上述操作相同的方法，为剩下的两段录音音频设置"大叔"变声效果，如图 3-39 所示。

图 3-38

图 3-39

Step 07 ❶选择录制的第 1 段音频；❷在三级工具栏中点击"降噪"按钮，如图 3-40 所示。

Step 08 弹出"降噪"面板，开启"降噪开关"，如图 3-41 所示，为录音进行降噪。用与上述操作相同的方法，为剩下的两段录音进行降噪。

Step 09 为视频添加背景音乐，❶选择音频；❷在三级工具栏中点击"音量"按钮，如图 3-42 所示。

Step 10 弹出"音量"面板，向左拖曳滑块，设置"音量"参数为 25，如图 3-43 所示。

图 3-40

图 3-41

图 3-42

图 3-43

3.2.3　制作商品卡点视频：《保温杯》

【效果展示】：运营者可以将多段相似的商品素材制作成卡点视频，让视频不再那么枯燥，增加视频的可看性，画面效果如图 3-44 所示。

扫码看案例效果　扫码看教学视频

图 3-44

下面介绍在剪映 App 中制作商品卡点视频的操作方法。

Step 01 在剪映中导入商品素材，依次点击"音频"按钮和"音乐"按钮，进入"添加音乐"界面，选择"卡点"选项，如图3-45 所示。

Step 02 进入"卡点"界面，点击音乐右侧的"使用"按钮，如图 3-46 所示，即可添加卡点音乐。

图 3-45　　　　　　　图 3-46

Step 03 ❶拖曳时间轴至 00:11 的位置；❷选择要添加的音乐；❸在三级工具栏中点击"分割"按钮，如图 3-47 所示。

Step 04 删除前半段多余的音频，❶在音频轨道中调整音频的位置，使其起始位置对齐第 1 段素材的起始位置；❷在三级工具栏中点击"踩点"按钮，如图 3-48 所示。

图 3-47

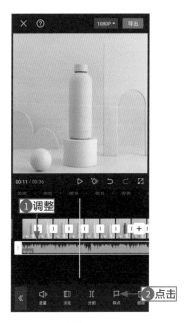

图 3-48

Step 05 弹出"踩点"面板，❶点击"自动踩点"按钮；❷选择"踩节拍 Ⅱ"选项，如图 3-49 所示。

Step 06 点击✔按钮返回上一级面板，❶选择第 1 段素材；❷按住其右侧的白色拉杆并向左拖曳，调整素材的时长，使其结束位置对齐第 2 个小黄点，如图 3-50 所示。

Step 07 用与上述操作相同的方法，调整其他素材的时长，让它们的结束位置依次对齐小黄点，并删除多余的卡点音乐，效果如图 3-51 所示。

Step 08 ❶选择第 1 段商品素材；❷在三级工具栏中点击"动画"按钮，如图 3-52 所示。

图 3-49

图 3-50

图 3-51

图 3-52

Step 09 进入动画
工具栏，点击"出
场动画"按钮，
如图 3-53 所示。

Step 10 弹出"出
场动画"面板，
选择"镜像翻转"
动画，如图 3-54
所示。

图 3-53

图 3-54

图 3-55

图 3-56

Step 11 用与上述
操作相同的方法，
为第 2 ～ 11 段素
材添加"出场动
画"面板中的"镜
像翻转"动画，
如图 3-55 所示。

Step 12 ❶选择第
12 段商品素材；
❷在动画工具栏
中点击"入场动
画"按钮，如图 3-56
所示。

Step 13 弹出"入场动画"面板，选择"镜像翻转"动画，如图 3-57 所示。

Step 14 返回主界面，点击一级工具栏中的"背景"按钮，如图 3-58 所示。

图 3-57

图 3-58

图 3-59

图 3-60

Step 15 进入背景工具栏，点击"画布颜色"按钮，如图 3-59 所示。

Step 16 弹出"画布颜色"面板，❶选择合适的背景颜色；❷点击"全局应用"按钮，如图 3-60 所示，将背景颜色应用到所有片段。

Step 17 依次点击 ✓按钮和〈按钮，返回主界面，❶拖曳时间轴至视频起始位置；❷在一级工具栏中点击"文字"按钮，如图 3-61 所示。

Step 18 进入文字工具栏，点击"新建文本"按钮，❶在文本框中输入文字内容；❷在"字体"选项卡中选择字体，如图 3-62 所示。

图 3-61

图 3-62

图 3-63

图 3-64

Step 19 ❶切换至"样式"选项卡；❷选择文字样式，如图 3-63 所示。

Step 20 ❶切换至"粗斜体"选项区；❷点击粗体按钮 B，如图 3-64 所示，为文字添加粗体效果。

Step 21 ❶切换至"动画"选项卡；❷在"入场动画"选项区选择"随机弹跳"动画，如图 3-65 所示。

Step 22 点击 ✔ 按钮，返回上一级面板，点击"复制"按钮，如图 3-66 所示。

图 3-65

图 3-66

Step 23 执行操作后，即可复制一段文字，在三级工具栏中点击"编辑"按钮，如图 3-67 所示。

Step 24 ❶修改文字内容；❷在"字体"选项卡中切换至"英文"选项区；❸ 选择文字字体，如图 3-68 所示。

Step 25 ❶切换至"动画"选项卡；❷在"入场动画"选项区中选择"弹入"动画，如图 3-69 所示。

Step 26 用与上述操作相同的方法，再添加两段文字，并修改文字内容，如图 3-70 所示。

图 3-67

图 3-68

图 3-69

图 3-70

Step 27 ❶选择第 1 条文字轨道中的第 1 段文字；❷调整文字的持续时长，使其结束位置对准第 5 个小黄点；❸在预览区域调整文字的位置，如图 3-71 所示。

Step 28 用与上述操作相同的方法，调整第 2 条文字轨道中的第 1 段文字的持续时长，使其结束位置对准第 5 个小黄点，并在预览区域调整文字的位置，如图 3-72 所示。

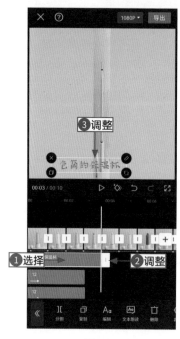

图 3-71

图 3-72

Step 29 用与上述操作相同的方法，分别调整剩下两段文字的位置与持续时长，如图 3-73 所示。

Step 30 在二级工具栏中点击"添加贴纸"按钮，如图 3-74 所示。

Step 31 进入贴纸素材库，❶在搜索框输入并搜索"推荐"贴纸；❷在"搜索结果"列表选择贴纸；❸点击"关闭"按钮，如图 3-75 所示。

Step 32 点击 ✓ 按钮返回上一级面板，❶调整贴纸的持续时长；❷在预览区域调整贴纸的位置和大小，如图 3-76 所示。

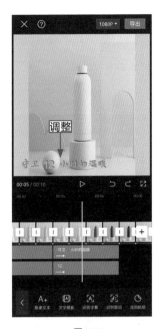

图 3-73

图 3-74

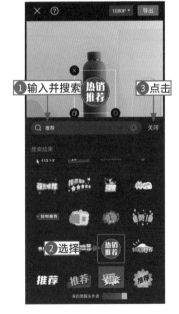

图 3-75

图 3-76

Step 33 在三级工具栏中点击"动画"按钮，弹出"贴纸动画"面板，❶切换至"循环动画"选项卡；❷选择"雨刷"循环动画；❸拖曳滑块，设置循环动画的快慢频率为 3.0 s，如图 3-77 所示。

Step 34 返回主界面，在一级工具栏中点击"特效"按钮，如图 3-78 所示。

图 3-77

图 3-78

Step 35 在特效工具栏中点击"画面特效"按钮，进入特效素材库，❶切换至"基础"选项卡；❷选择"全剧终"特效，如图 3-79 所示。

Step 36 点击✔按钮，返回上一级面板，在特效轨道调整"全剧终"特效的位置和持续时长，如图 3-80 所示。

Step 37 返回主界面，在一级工具栏中点击"滤镜"按钮，弹出"滤镜"面板，❶切换至"影视级"选项卡；❷选择"高饱和"滤镜；❸拖曳滑块，设置滤镜强度参数为 60，如图 3-81 所示。

Step 38 在滤镜轨道调整"高饱和"滤镜的持续时长，使其与视频时长保持一致，如图 3-82 所示。

图 3-79

图 3-80

图 3-81

图 3-82

Chapter 04

第4章
文字：
刺激用户的购
买欲

在视频中为商品添加说明文字和电商贴纸，一方面可以促进用户对商品的了解，另一方面可以刺激用户的购买欲，提高商品销量。本章主要介绍使用剪映App为商品视频添加字幕和制作文字效果的操作方法。

4.1　添加字幕效果

　　字幕可以为商品视频增加亮点，也可以向用户介绍商品信息。本节主要介绍在剪映中为视频添加字幕、添加文字模板、生成字幕和添加贴纸的操作方法。

4.1.1　为商品添加说明文字：《不粘锅》

【效果展示】：为商品视频添加说明文字，能让用户更好地了解商品的性能和特点，从而提高商品销量，效果如图 4-1 所示。

扫码看案例效果　扫码看教学视频

图 4-1

　　下面介绍在剪映 App 中为商品添加说明文字的操作方法。

Step 01 在剪映中导入视频素材，❶点击"关闭原声"按钮，关闭视频声音；❷在一级工具栏中点击"文字"按钮，如图 4-2 所示。

Step 02 执行操作后，进入文字工具栏，点击"新建文本"按钮，如图 4-3 所示。

Step 03 弹出相应面板，❶在文本框中输入文字内容；❷在"字体"选项卡中选择文字字体，如图 4-4 所示。

Step 04 ❶切换至"花字"选项卡；❷展开"红色"选项区；❸选择花字样式，如图 4-5 所示。

图 4-2

图 4-3

图 4-4

图 4-5

Step 05 ❶切换至"动画"选项卡；❷展开"循环动画"选项区；❸选择"逐字放大"动画；❹拖曳滑块，设置循环动画的频率为 3.0 s，如图 4-6 所示。

Step 06 点击✅按钮，返回上一级面板，❶在文字轨道调整文字的持续时长，使其与视频的时长保持一致；❷在预览区域调整文字的位置，如图 4-7 所示。

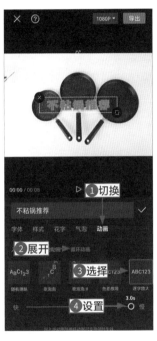

图 4-6

图 4-7

Step 07 在三级工具栏中点击"复制"按钮，即可在第 2 条文字轨道中添加一段文字，❶修改复制的文字内容；❷在"字体"选项卡中更改文字字体，如图 4-8 所示。

Step 08 ❶切换至"花字"选项卡；❷点击🚫按钮，如图 4-9 所示，即可清除添加的花字样式。

Step 09 ❶切换至"样式"选项卡；❷选择文字样式，如图 4-10 所示。

Step 10 ❶切换至"排列"选项区；❷拖曳滑块，设置"缩放"参数为22，如图 4-11 所示。

图 4-8

图 4-9

图 4-10

图 4-11

Step 11 ❶切换至"动画"选项卡；❷在"循环动画"选项区点击◎按钮，如图 4-12 所示，清除添加的循环动画。

Step 12 ❶切换至"入场动画"选项区；❷选择"左上弹入"入场动画，如图 4-13 所示。

图 4-12

图 4-13

Step 13 点击✔按钮，返回上一级面板，❶在第 2 条文字轨道中调整文字的持续时长；❷在预览区域调整文字的位置，如图 4-14 所示。

Step 14 在三级工具栏中点击"复制"按钮，即可在第 3 条文字轨道中添加一段文字，❶修改复制的文字内容；❷在预览区域调整文字的位置，如图 4-15 所示。

Step 15 用与上述操作相同的方法，再添加多段说明文字，并调整它们的持续时长和位置，如图 4-16 所示。

Step 16 为视频添加背景音乐，如图 4-17 所示。

图 4-14

图 4-15

图 4-16

图 4-17

4.1.2　运用模板为商品添加字幕：《花瓶》

【效果展示】：运营者可以运用剪映中的"文字模板"功能，轻松、快速地为商品视频添加合适、美观的字幕，效果如图 4-18 所示。

扫码看案例效果　扫码看教学视频

 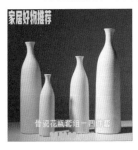

图 4-18

下面介绍在剪映 App 中使用模板为商品添加字幕的操作方法。

Step 01 在剪映中导入商品视频，依次点击"文字"按钮和"文字模板"按钮，如图 4-19 所示，即可进入文字模板素材库。

Step 02 ❶切换至"片头标题"选项卡；❷选择模板，如图 4-20 所示。

图 4-19　　　　　图 4-20

Step 03 ①在预览区域点击模板中的任意文字；②在弹出的面板中修改模板内容，如图 4-21 所示，点击 ✓ 按钮，确认修改效果。

Step 04 ①在预览区域调整文字模板的大小和位置；②在文字轨道调整文字模板的持续时长，使其与视频时长保持一致，如图 4-22 所示。

图 4-21

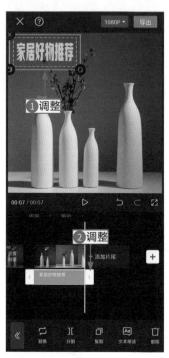

图 4-22

Step 05 ①拖曳时间轴至起始位置；②在文字工具栏中点击"文字模板"按钮，如图 4-23 所示，再次进入文字模板素材库。

Step 06 ①切换至"情侣"选项卡；②选择文字模板，如图 4-24 所示。

Step 07 ①修改文字模板的内容；②在预览区域调整文字模板的位置；③在第 2 条文字轨道中调整模板的持续时长，如图 4-25 所示。

Step 08 在三级工具栏中点击"复制"按钮，复制文字模板，①修改复制模板的内容；②调整复制模板在文字轨道中的位置和持续时长，如图 4-26 所示。

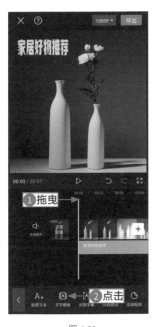

图 4-23

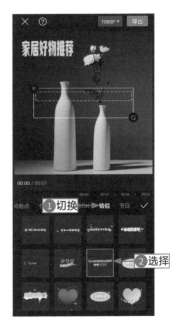

图 4-24

图 4-25

图 4-26

Step 09 返回主界面，❶拖曳时间轴至视频起始位置；❷依次点击"特效"按钮和"画面特效"按钮，如图4-27所示，进入特效素材库。

Step 10 ❶切换至"光影"选项卡；❷选择"彩虹光Ⅱ"特效，如图4-28所示。

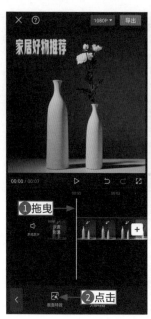

图 4-27

图 4-28

图 4-29

图 4-30

Step 11 点击 按钮，确认添加特效，❶在特效轨道调整特效的持续时长；❷在三级工具栏中点击"调整参数"按钮，如图4-29所示。

Step 12 弹出"调整参数"面板，向左拖曳滑块，设置"变暗"参数为0，如图4-30所示。

4.1.3 为商品自动生成解说文字：《餐具套装》

【效果展示】：对于那些有解说音频的视频，运营者可以运用"识别字幕"功能轻松、快速地生成文字字幕，效果如图 4-31 所示。

扫码看案例效果　扫码看教学视频

图 4-31

下面介绍在剪映 App 中为商品自动生成解说文字的操作方法。

Step 01 在剪映中导入一段商品视频，在一级工具栏中点击"文字"按钮，如图 4-32 所示。

Step 02 进入文字工具栏，点击"识别字幕"按钮，如图 4-33 所示。

图 4-32　　　　　　　　　图 4-33

Step 03 执行操作后，弹出"自动识别字幕"对话框，点击"开始识别"按钮，如图 4-34 所示，即可开始自动识别视频中的语音内容。

Step 04 识别完成后，在文字轨道中自动生成文字内容，❶选择第 1 段文字；❷在三级工具栏中点击"编辑"按钮，如图 4-35 所示。

图 4-34

图 4-35

Step 05 弹出相应面板，在"字体"选项卡中选择合适的字体，如图 4-36 所示。

Step 06 ❶切换至"样式"选项卡；❷展开"排列"选项区；❸拖曳滑块，设置"缩放"参数为 65，如图 4-37 所示。

Step 07 ❶切换至"花字"选项卡；❷展开"黑白"选项区；❸选择花字样式，如图 4-38 所示。

Step 08 ❶切换至"动画"选项卡；❷在"入场动画"选项区中选择"随机弹跳"动画，如图 4-39 所示。

图 4-36

图 4-37

图 4-38

图 4-39

Step 09 用与上述操作相同的方法，为其他文字添加"随机弹跳"入场动画，如图 4-40 所示。

Step 10 在文字轨道中根据视频的音频内容调整各段文字的持续时长，如图 4-41 所示。

图 4-40　　　　　　　　　图 4-41

4.1.4　为商品添加电商贴纸：《拖鞋》

【效果展示】：剪映有一个内容丰富的贴纸素材库，运营者可以在其中搜索并选择所需的贴纸，增加视频的趣味性，效果如图 4-42 所示。

扫码看案例效果　扫码看教学视频

图 4-42

下面介绍在剪映 App 中为商品添加电商贴纸的操作方法。

Step 01 在剪映中导入一段商品视频，在一级工具栏中点击"文字"按钮，如图 4-43 所示。

Step 02 进入文字工具栏，点击"添加贴纸"按钮，如图 4-44 所示。

图 4-43

图 4-44

Step 03 执行操作后，进入贴纸素材库，❶在搜索框中输入"电商"；❷点击输入法面板中的"搜索"按钮，如图 4-45 所示，搜索电商贴纸。

Step 04 搜索完成后，在"搜索结果"列表中选择贴纸，如图 4-46 所示，即可为视频添加电商贴纸。

Step 05 用与上述操作相同的方法，再添加一个电商贴纸，❶在轨道中调整两个贴纸的位置和持续时长；❷在预览区域调整两个贴纸的大小和位置，如图 4-47 所示。

Step 06 为了增加贴纸的趣味性，运营者可以为贴纸添加动画效果，❶选择第 1 个贴纸；❷在三级工具栏中点击"动画"按钮，如图 4-48 所示。

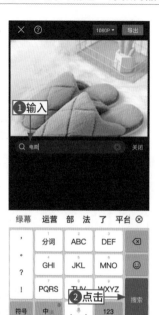

图 4-45

图 4-46

图 4-47

图 4-48

Step 07 弹出"贴纸动画"面板，❶切换至"循环动画"选项卡；❷选择"轻微跳动"动画；❸拖曳滑块，设置循环动画的频率为 3.0 s，如图 4-49 所示。

Step 08 用与上述操作相同的方法，为第 2 个贴纸添加"入场动画"选项卡中的"渐显"动画，如图 4-50 所示。

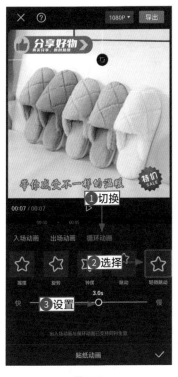
图 4-49

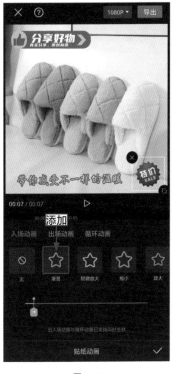
图 4-50

4.2　制作文字效果

除了为视频添加文字和贴纸，运营者还可以设置文字，将文字转为语音，减少视频的枯燥感；也可以为视频制作营销片头，刺激用户的购买欲。

4.2.1 将说明文字转为讲解语音：《陶笛》

【效果展示】：将说明文字转为讲解语音可以加强解说效果，也可以解决部分用户不想阅读文字的问题，效果如图 4-51 所示。

扫码看案例效果　扫码看教学视频

图 4-51

下面介绍在剪映 App 中将说明文字转为讲解语音的操作方法。

Step 01 在剪映中导入商品素材，依次点击"文字"按钮和"新建文本"按钮，如图4-52所示。

Step 02 弹出相应面板，❶输入文字内容；❷在"字体"选项卡中选择字体，如图 4-53 所示。

图 4-52

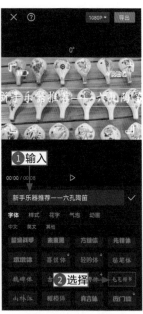

图 4-53

Step 03 ①切换至"花字"选项卡；②展开"蓝色"选项区；③选择花字样式，如图 4-54 所示。

Step 04 ①切换至"动画"选项卡；②在"入场动画"选项区中选择"向下溶解"动画，如图 4-55 所示。

图 4-54   图 4-55

Step 05 ①在预览区域调整文字的位置和大小；②在文字轨道调整文字的持续时长，如图 4-56 所示。

Step 06 连续两次点击"复制"按钮，即可分别在第 2 条和第 3 条文字轨道上添加一段文字，如图 4-57 所示。

Step 07 ①分别修改复制文字的内容；②将两段复制文字拖曳至第 1 条文字轨道中，并调整它们的位置和持续时长，如图 4-58 所示。

Step 08 ①选择第 1 段文字；②在三级工具栏中点击"文本朗读"按钮，如图 4-59 所示。

图 4-56

图 4-57

图 4-58

图 4-59

Step 09 弹出"音色选择"面板，❶切换至"女声音色"选项卡；❷选择"知性女声"音色；❸点击 ✓ 按钮，如图 4-60 所示，即可生成音频。

Step 10 用与上述操作相同的方法，为其他文字也添加"知性女声"朗读效果，如图 4-61 所示。

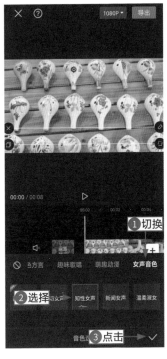

图 4-60

图 4-61

Step 11 为视频添加背景音乐，❶选择背景音乐；❷在三级工具栏中点击"音量"按钮，如图 4-62 所示。

Step 12 执行操作后，弹出"音量"面板，拖曳滑块，设置"音量"参数为 32，如图 4-63 所示。

Step 13 ❶选择第 1 段文本朗读音频；❷在三级工具栏中点击"音量"按钮，如图 4-64 所示。

Step 14 执行操作后，弹出"音量"面板，拖曳滑块，设置"音量"参数为 253，如图 4-65 所示。

图 4-62

图 4-63

图 4-64

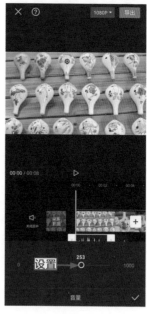

图 4-65

Step 15 用与上述操作相同的方法，设置其他两段文本朗读音频的"音量"参数为 253，如图 4-66 所示。

Step 16 返回主界面，依次点击"特效"按钮和"画面特效"按钮，如图 4-67 所示，进入特效素材库。

图 4-66

图 4-67

Step 17 ❶ 切换至"边框"选项卡；❷选择"手绘边框 Ⅱ"特效，如图 4-68 所示，为视频添加一个边框特效。

Step 18 在特效轨道调整"手绘边框 Ⅱ"特效的持续时长，使其与视频时长保持一致，如图 4-69 所示。

图 4-68

图 4-69

111

4.2.2 为商品制作营销片头：《收纳筐》

【效果展示】：运营者可以运用一张纯色背景和剪映的"文字"功能制作营销片头，来调动用户的积极性和购买欲，效果如图4-70所示。

扫码看案例效果　　扫码看教学视频

图 4-70

下面介绍在剪映 App 中为商品制作营销片头的操作方法。

Step 01 在剪映中导入背景素材，依次点击"文字"按钮和"新建文本"按钮，如图4-71所示。

Step 02 ❶输入文字内容；❷在"字体"选项卡中选择字体，如图4-72所示。

图 4-71　　　　　　图 4-72

Step 03 ❶切换至"样式"选项卡；❷选择文字样式，如图 4-73 所示。

Step 04 ❶切换至"排列"选项区；❷拖曳滑块，设置"缩放"参数为 23，如图 4-74 所示。

图 4-73

图 4-74

Step 05 ❶切换至"动画"选项卡；❷在"入场动画"选项区中选择"向右集合"动画；❸拖曳滑块，设置动画时长为 0.2 s，如图 4-75 所示。

Step 06 复制两段文字，修改复制的文字内容，并设置第 3 条文字轨道上的文字"缩放"参数为 18，如图 4-76 所示。

Step 07 ❶在预览区域调整 3 段文字的位置；❷调整背景素材的时长为 1.7 s，如图 4-77 所示。

Step 08 ❶选择第 2 条文字轨道中的文字；❷调整文字左侧的白色拉杆，使其起始位置对准第 1 条文字轨道中文字动画的结束位置，如图 4-78 所示。

图 4-75

图 4-76

图 4-77

图 4-78

Step 09 用与上述操作相同的方法，调整第 3 条文字轨道中文字的出现位置，如图 4-79 所示，即可完成营销片头的制作。

Step 10 ❶拖曳时间轴至视频结束位置；❷点击 + 按钮，如图 4-80 所示。

图 4-79

图 4-80

Step 11 执行操作后，进入"照片视频"界面，❶选择商品视频；❷选中"高清"单选按钮；❸点击"添加"按钮，如图 4-81 所示，即可在片头的后面导入商品视频。

Step 12 返回主界面，❶拖曳时间轴至视频起始位置；❷在一级工具栏中点击"特效"按钮，如图 4-82 所示，即可进入特效工具栏。

Step 13 点击"画面特效"按钮，进入特效素材库，❶切换至"金粉"选项卡；❷选择"仙尘闪闪"特效，如图 4-83 所示。

Step 14 点击相应按钮，确认添加特效，在特效轨道中调整"仙尘闪闪"特效的持续时长，使其与片头的时长保持一致，如图 4-84 所示。

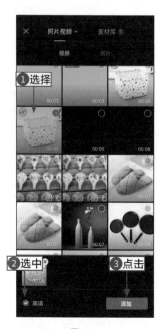

图 4-81

图 4-82

图 4-83

图 4-84

Step 15 为视频添加背景音乐，如图 4-85 所示。

图 4-85

Chapter 05

第**5**章

特效：
突出商品的新
奇性

　　新奇的视频效果总是能吸引用户的目光，从而获得更多的观看量和热度。运营者可以使用剪映为视频添加合适的特效和转场，增加视频的可看性。本章主要介绍使用剪映 App 为商品视频添加画面特效和转场效果的操作方法。

5.1　添加画面特效

　　为商品视频添加画面特效可以增加视频的新奇性，赢得更多的关注。本节主要介绍在剪映中运用画面特效营造商品环境氛围、为商品添加光泽和为视频添加片头、片尾的操作方法。

5.1.1　增加商品的环境氛围：《纸花灯笼》

【效果展示】：运营者可以运用画面特效渲染商品的环境氛围，让用户产生向往的感觉，从而提高下单概率，效果如图 5-1 所示。

扫码看案例效果　扫码看教学视频

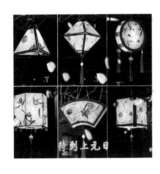　

图 5-1

　　下面介绍在剪映 App 中营造商品环境氛围的操作方法。

Step 01 在剪映中导入一段商品视频，在一级工具栏中点击"特效"按钮，如图 5-2 所示。

Step 02 进入特效工具栏，点击"画面特效"按钮，如图 5-3 所示。

Step 03 进入特效素材库，❶切换至"自然"选项卡；❷选择"飘落花瓣"特效，如图 5-4 所示。

Step 04 点击✔按钮，确认添加特效，❶在特效轨道中调整"飘落花瓣"特效的持续时长，使其与视频时长保持一致；❷在三级工具栏中点击"调整参数"按钮，如图 5-5 所示。

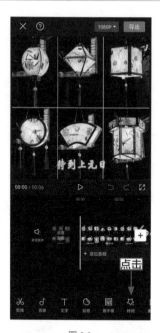

图 5-2

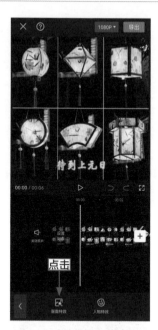

图 5-3

图 5-4

图 5-5

Step 05 弹出"调整参数"面板，❶拖曳滑块，设置"速度"参数为20，减慢花瓣的飘落速度；❷点击☑按钮，如图 5-6 所示，确认修改参数。

Step 06 点击《按钮返回上一级面板，❶拖曳时间轴至视频的起始位置；❷点击"画面特效"按钮，如图 5-7 所示。

图 5-6

图 5-7

图 5-8

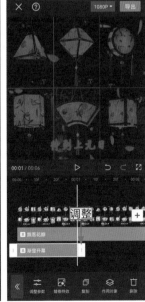

图 5-9

Step 07 再次进入特效素材库，❶切换至"基础"选项卡；❷选择"渐显开幕"特效，如图 5-8 所示。

Step 08 点击☑按钮，确认添加特效，在特效轨道中调整"渐显开幕"特效的持续时长为1 s，如图 5-9 所示。

5.1.2 为商品添加光泽感：《珍珠手链》

【效果展示】：像珍珠手链这种本身有一定光泽的商品，运营者可以为其添加一些"光影"特效，让商品更具有吸引力，效果如图 5-10 所示。

扫码看案例效果　扫码看教学视频

图 5-10

　　下面介绍在剪映 App 中为商品添加光泽感的操作方法。

Step 01 在剪映中导入商品视频，依次点击"特效"按钮和"画面特效"按钮，如图 5-11 所示。

Step 02 进入特效素材库，❶ 切换至"光影"选项卡；❷ 选择"丁达尔光线"特效，如图 5-12 所示。

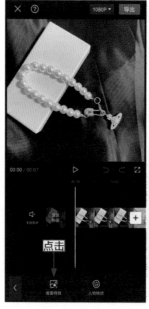 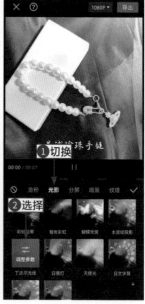

图 5-11　　　　　　　　图 5-12

Step 03 点击 ✔ 按钮，确认添加特效，❶在特效轨道调整"丁达尔光线"特效的持续时长为 2 s；❷在三级工具栏中点击"调整参数"按钮，如图 5-13 所示。

Step 04 弹出"调整参数"面板，❶拖曳滑块，设置"速度"参数为20；❷拖曳滑块，设置"不透明度"参数为 80，如图 5-14 所示。

图 5-13　　　　　　　　　　　　　图 5-14

Step 05 用与上述操作相同的方法，在"丁达尔光线"特效的后面再添加一个"自然"选项卡中的"晴天光线"特效，❶调整"晴天光线"特效的持续时长，使其结束位置对准 4 s 的位置；❷在三级工具栏中点击"调整参数"按钮，如图 5-15 所示。

Step 06 弹出"调整参数"面板，❶拖曳滑块，设置"速度"参数为15；❷拖曳滑块，设置"不透明度"参数为 40，如图 5-16 所示。

Step 07 用与上述操作相同的方法，分别添加 Bling 选项卡中的"星星闪烁Ⅱ"特效和"自然Ⅲ"特效，如图 5-17 所示。

Step 08 在"调整参数"面板中设置"自然Ⅲ"特效的"滤镜"参数为 0，如图 5-18 所示。

图 5-15

图 5-16

图 5-17

图 5-18

Step 09 分别调整"星星闪烁Ⅱ"特效和"自然Ⅲ"特效的位置和持续时长，效果如图 5-19 所示。

Step 10 为视频添加背景音乐，效果如图 5-20 所示。

图 5-19

图 5-20

5.1.3 为视频添加片头、片尾：《羽毛吊灯》

【效果展示】：运营者为商品视频添加片头、片尾可以让视频更加完整，让视频的开始和结束不再显得突兀，效果如图 5-21 所示。

扫码看案例效果　扫码看教学视频

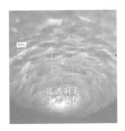 

图 5-21

下面介绍在剪映 App 中为视频添加片头、片尾的操作方法。

Step 01 在剪映中导入商品素材，添加背景音乐，如图 5-22 所示。

Step 02 依次点击"文字"按钮和"新建文本"按钮，如图 5-23 所示。

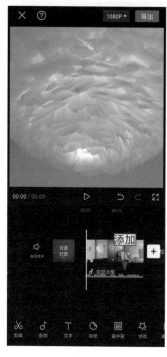

图 5-22

图 5-23

Step 03 ❶在文本框中输入文字内容；❷在"字体"选项卡中选择文字字体，如图 5-24 所示。

Step 04 ❶切换至"花字"选项卡；❷展开"粉色"选项区；❸选择花字样式，如图 5-25 所示。

Step 05 ❶切换至"动画"选项卡；❷在"入场动画"选项区中选择"开幕"动画，如图 5-26 所示。

Step 06 ❶切换至"出场动画"选项区；❷选择"向左解散"动画，如图 5-27 所示，为文字添加出场动画。

图 5-24

图 5-25

图 5-26

图 5-27

Step 07 点击 ✓ 按钮，确认添加文字，❶在预览区域调整文字的位置；
❷在文字轨道调整文字的持续时长，如图 5-28 所示。

Step 08 连续两次点击"复制"按钮，复制两段文字，并修改文字内容，
❶在文字轨道调整它们的位置和持续时长；❷在预览区域调整两段文字的位置和大小，如图 5-29 所示。

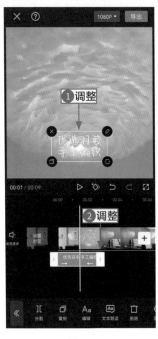

图 5-28　　　　　　　　　　　　图 5-29

Step 09 ❶选择第 3 段文字；❷在三级工具栏中点击"编辑"按钮，如图 5-30 所示。

Step 10 ❶切换至"动画"选项卡；❷在"出场动画"选项区中选择"闭幕"动画；❸拖曳红色箭头滑块，设置动画时长为 0.7 s，如图 5-31 所示。

Step 11 返回主界面，❶拖曳时间轴至视频的起始位置；❷依次点击"特效"按钮和"画面特效"按钮，如图 5-32 所示。

Step 12 进入特效素材库，❶切换至"基础"选项卡，❷选择"变清晰"特效，如图 5-33 所示。

图 5-30

图 5-31

图 5-32

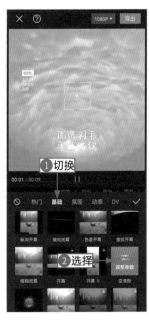

图 5-33

Step 13 点击 ✓ 按钮，确认添加特效，在特效轨道调整"变清晰"特效的持续时长为2 s，如图5-34所示。

Step 14 ❶ 拖曳时间轴至8 s的位置；❷ 在特效工具栏中点击"画面特效"按钮，如图5-35所示。

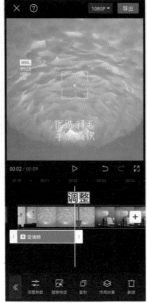

图5-34　　　　　　　图5-35

图5-36　　　　　　　图5-37

Step 15 进入特效素材库，在"基础"选项卡中选择"全剧终"特效，如图5-36所示。

Step 16 调整"全剧终"特效的持续时长，使其结束位置对齐视频的结束位置，如图5-37所示。

5.2　添加转场效果

当一个视频由多个素材组成时，如果只是简单地将它们进行排列组合，难免会显得单调乏味，此时运营者可以在不同素材中间添加转场或动画，让素材之间的切换更富有趣味。本节介绍在剪映 App 中为多个素材之间添加转场效果的操作方法。

5.2.1　让画面切换更流畅：《古风发饰》

【效果展示】：为素材添加柔和的转场效果，在让画面切换变得流畅的同时，也为商品增加了一些唯美浪漫的氛围，效果如图 5-38 所示。

扫码看案例效果　　扫码看教学视频

图 5-38

下面介绍在剪映 App 中让画面切换更流畅的操作方法。

Step 01 在剪映中导入 4 段商品素材，点击第 1 段和第 2 段素材中间的转场按钮 |，如图 5-39 所示。

Step 02 弹出"转场"面板，❶切换至"遮罩转场"选项卡；❷选择"画笔擦除"转场效果，如图 5-40 所示。

Step 03 用与上述操作相同的方法，在第 2 段和第 3 段素材之间添加"遮罩转场"选项卡中的"云朵 II"转场效果，如图 5-41 所示。

Step 04 用与上述操作相同的方法，❶在第 3 段和第 4 段素材之间添加"遮罩转场"选项卡中的"水墨"转场效果；❷拖曳滑块，设置转场时长为 0.7 s，如图 5-42 所示。

图 5-39

图 5-40

图 5-41

图 5-42

Step 05 返回主界面，❶拖曳时间轴至视频起始位置；❷依次点击"文字"
按钮和"新建文本"按钮，如图 5-43 所示。

Step 06 ❶在文本框中输入文字内容；❷在"字体"选项卡中选择字体，
如图 5-44 所示。

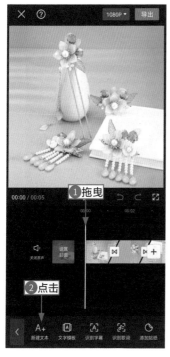

图 5-43

图 5-44

Step 07 ❶切换至"花字"选项卡；❷展开"黄色"选项区；❸选择花
字样式，如图 5-45 所示。

Step 08 ❶切换至"动画"选项卡；❷在"入场动画"选项区中选择"飞
入"动画，如图 5-46 所示。

Step 09 ❶切换至"出场动画"选项区；❷选择"溶解"动画，如图 5-47
所示。

Step 10 ❶在预览区域调整文字的位置；❷在文字轨道调整文字的持续
时长，如图 5-48 所示。

图 5-45

图 5-46

图 5-47

图 5-48

Step 11 复制两段文字，修改文字内容，并在文字轨道中调整两段文字的位置和持续时长，如图 5-49 所示。

Step 12 为视频添加背景音乐，如图 5-50 所示。

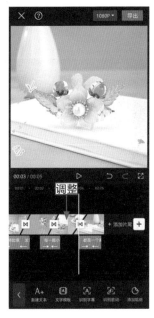

图 5-49

图 5-50

5.2.2 为画面添加运镜变化：《香薰石台灯》

【效果展示】：使用剪映中的"运镜转场"可以模拟不同的运镜手法实现不同素材之间的运镜转场变化，效果如图 5-51 所示。

扫码看案例效果　扫码看教学视频

图 5-51

下面介绍在剪映 App 中为画面添加运镜转场的操作方法。

Step 01 在剪映中导入 4 段商品素材，点击第 1 段和第 2 段素材中间的转场按钮 I，如图 5-52 所示。

Step 02 弹出"转场"面板，❶切换至"运镜转场"选项卡；❷选择"向左上"转场效果，如图 5-53 所示。

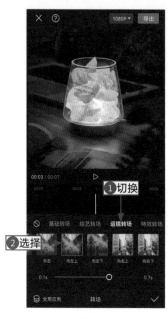

图 5-52　　　　　　　　　　　　　　　图 5-53

Step 03 用与上述操作相同的方法，在第 2 段和第 3 段素材之间添加"运镜转场"选项卡中的"推近"转场效果，如图 5-54 所示。

Step 04 用与上述操作相同的方法，在第 3 段和第 4 段素材之间添加"运镜转场"选项卡中的"拉远"转场效果，如图 5-55 所示。

Step 05 返回主界面，拖曳时间轴至视频起始位置，依次点击"文字"按钮和"新建文本"按钮，❶在文本框中输入文字内容；❷在"字体"选项卡中选择文字字体，如图 5-56 所示。

Step 06 ❶切换至"花字"选项卡；❷展开"粉色"选项区；❸选择花字样式，如图 5-57 所示。

图 5-54

图 5-55

图 5-56

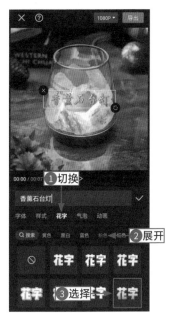

图 5-57

Step 07 ❶切换至"动画"选项卡；❷在"入场动画"选项区中选择"羽化向右擦开"动画，如图 5-58 所示。

Step 08 ❶切换至"出场动画"选项区；❷选择"向上溶解"动画，如图 5-59 所示，点击✅按钮，确认添加文字。

图 5-58

图 5-59

Step 09 用与上述操作相同的方法，再添加一段文字，在文字轨道中调整两段文字的位置和持续时长，并在预览区域调整两段文字的位置，如图 5-60 所示。

Step 10 返回主界面，拖曳时间轴至视频起始位置，依次点击"特效"按钮和"画面特效"按钮，进入特效素材库，❶切换至"基础"选项卡；❷选择"纵向开幕"特效，如图 5-61 所示。

Step 11 在特效轨道中调整"纵向开幕"特效的持续时长，如图 5-62 所示。

Step 12 为视频添加背景音乐，如图 5-63 所示。

图 5-60

图 5-61

图 5-62

图 5-63

5.2.3 让画面切换更具动感：《流沙画摆件》

【效果展示】：除了为素材添加剪映自带的转场，运营者还可以通过为素材添加动画制作转场效果，让画面在运动中实现切换，效果如图 5-64 所示。

扫码看案例效果　扫码看教学视频

图 5-64

下面介绍在剪映 App 中让画面切换更具动感的操作方法。

Step 01 在剪映中导入 6 段商品素材，并添加背景音乐，❶选择添加的音频；❷在三级工具栏中点击"踩点"按钮，如图 5-65 所示。

Step 02 在弹出的"踩点"面板中点击"自动踩点"按钮，如图 5-66 所示，即可开始踩点，踩点完成后，默认选择"踩节拍 II"选项。

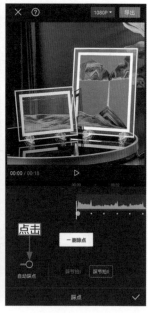

图 5-65　　　　　　　　图 5-66

Step 03 根据小黄点的位置，调整 6 段商品素材的时长，如图 5-67 所示。

Step 04 ①选择第 1 段商品素材；②在三级工具栏中点击"动画"按钮，如图 5-68 所示。

图 5-67

图 5-68

Step 05 进入动画工具栏，点击"组合动画"按钮，如图 5-69 所示。

Step 06 弹出"组合动画"面板，选择"扭曲拉伸"动画，如图 5-70 所示。

Step 07 用与上述操作相同的方法，为第 2 ～ 6 段素材分别添加"组合动画"面板中的"缩小旋转"动画、"滑入波动"动画、"荡秋千"动画、"弹入旋转"动画和"旋转上升"动画，如图 5-71 所示。

Step 08 返回主界面，拖曳时间轴至视频起始位置，依次点击"特效"按钮和"画面特效"按钮，①切换至"氛围"选项卡；②选择"星火炸开"特效，如图 5-72 所示。

图 5-69

图 5-70

图 5-71

图 5-72

Step 09 在特效轨道中调整"星火炸开"特效的持续时长，使其与视频时长保持一致，如图 5-73 所示。

Step 10 返回主界面，拖曳时间轴至视频起始位置，依次点击"文字"按钮和"新建文本"按钮；❶在文本框中输入文字内容；❷在"字体"选项卡中选择字体；❸在预览区域调整文字的位置，如图 5-74 所示。

图 5-73

图 5-74

Step 11 ❶切换至"花字"选项卡；❷展开"粉色"选项区；❸选择花字样式，如图 5-75 所示。

Step 12 ❶切换至"动画"选项卡；❷在"入场动画"选项区中选择"发光模糊"动画，如图 5-76 所示。

Step 13 用与上述操作相同的方法，再添加两段文字，设置文字样式和动画效果，并在预览区域调整文字的位置和大小，如图 5-77 所示。

Step 14 在文字轨道调整 3 段文字的位置和持续时长，如图 5-78 所示。

图 5-75

图 5-76

图 5-77

图 5-78

第6章

合成：
丰富商品展示
效果

如果视频只是单纯地展示商品，没有画面变化，就很难吸引用户的关注，更不用说吸引用户下单了。因此，运营者可以使用剪映App的抠像功能、"混合模式"功能和"蒙版"功能制作趣味视频效果。

6.1　运用抠像功能

　　剪映 App 的抠像功能主要是由"色度抠图"功能和"智能抠像"功能组成的，其中"色度抠图"功能主要用于抠除画面中的大面积色块，如抠除绿幕素材中的绿幕；而"智能抠像"功能主要用于抠出素材中的人像。

6.1.1　为视频套用绿幕素材：《香薰蜡烛》

【效果展示】：运营者可以运用"色度抠图"功能为视频套用不同场景的绿幕素材，制作新奇的视频效果，如图 6-1 所示。

扫码看案例效果　扫码看教学视频

图 6-1

　　下面介绍在剪映 App 中为视频套用绿幕素材的操作方法。

Step 01 在剪映中导入绿幕素材和商品素材，❶选择绿幕素材；❷在二级工具栏中点击"切画中画"按钮，如图 6-2 所示，即可将绿幕素材切换至画中画轨道。

Step 02 ❶将绿幕素材的时长调整为与商品素材的时长一致；❷在三级工具栏中点击"色度抠图"按钮，如图 6-3 所示。

Step 03 弹出"色度抠图"面板，在预览区域拖曳取色器，如图 6-4 所示，取样绿幕素材中的绿色。

Step 04 在"色度抠图"面板中，❶选择"强度"选项；❷拖曳滑块，设置"强度"参数为 22，如图 6-5 所示。

图 6-2

图 6-3

图 6-4

图 6-5

Step 05 ❶ 选择"阴影"选项；❷ 拖曳滑块，设置"强度"参数为100，如图6-6所示。

Step 06 在预览区域调整商品素材的画面位置和大小，如图6-7所示，使画面刚好在电视机中显示出来。

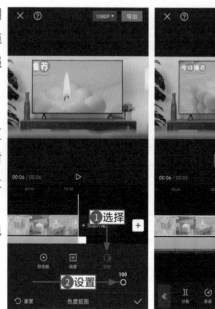

图 6-6　　　　　　　　图 6-7

6.1.2　制作趣味片头：《风格女装》

【效果展示】：运营者可以运用"智能抠像"功能抠出人像，搭配背景素材、文字、音频和特效，可以制作出趣味片头效果，如图6-8所示。

扫码看案例效果　　扫码看教学视频

图 6-8

下面介绍在剪映 App 中制作趣味片头的操作方法。

Step 01 在剪映中导入片头素材，依次点击"文字"按钮和"新建文本"按钮，如图 6-9 所示。

Step 02 ❶在文本框中输入文字内容；❷在"字体"选项卡中选择文字字体，如图 6-10 所示。

图 6-9

图 6-10

Step 03 ❶切换至"花字"选项卡；❷展开"热门"选项区；❸选择花字样式，如图 6-11 所示。

Step 04 ❶切换至"动画"选项卡；❷在"入场动画"选项区中选择"向右集合"动画，如图 6-12 所示。

Step 05 用与上述操作相同的方法，再添加两段文字内容，如图 6-13 所示，并设置动画效果。

Step 06 在预览区域调整 3 段文字的位置和大小，如图 6-14 所示。

图 6-11

图 6-12

图 6-13

图 6-14

Step 07 ❶选择第 1 条文字轨道中的文字；❷在三级工具栏中点击"文本朗读"按钮，如图 6-15 所示。

Step 08 弹出"音色选择"面板，❶切换至"萌趣动漫"选项卡；❷选择"动漫小新"音色；❸点击☑️按钮，确认添加朗读效果，如图 6-16 所示。

图 6-15

图 6-16

Step 09 用与上述操作相同的方法，为剩下的两段文字添加"动漫小新"朗读效果，如图 6-17 所示。

Step 10 返回主界面，在音频轨道中调整 3 段朗读音频的出现位置和持续时长，如图 6-18 所示。

Step 11 调整背景素材的时长，使其结束位置与第 1 条音频轨道中第 3 段音频的结束位置对齐，如图 6-19 所示。

Step 12 根据音频的位置，在文字轨道中调整 3 段文字的出现位置和持续时长，如图 6-20 所示。

图 6-17

图 6-18

图 6-19

图 6-20

Step 13 返回主界面，❶拖曳时间轴至 1 s 的位置；❷依次点击"画中画"按钮和"新增画中画"按钮，如图 6-21 所示。

Step 14 进入"照片视频"界面，❶选择第 1 段人像素材；❷点击"添加"按钮，如图 6-22 所示，即可将人像素材导入第 1 条画中画轨道。

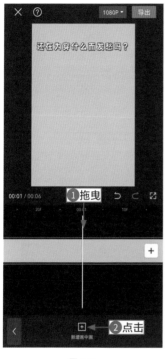

图 6-21

图 6-22

Step 15 用与上述操作相同的方法，将第 2 段和第 3 段人像素材分别导入第 2 条和第 3 条画中画轨道，如图 6-23 所示。

Step 16 ❶选择第 1 段人像素材；❷在三级工具栏中点击"智能抠像"按钮，如图 6-24 所示，即可抠出人像。

Step 17 用与上述操作相同的方法，抠出第 2 段和第 3 段人像素材中的人像，如图 6-25 所示。

Step 18 ❶在预览区域调整 3 段人像素材的位置和大小；❷在画中画轨道分别调整 3 段人像素材的持续时长，如图 6-26 所示。

图 6-23

图 6-24

图 6-25

图 6-26

Step 19 ❶选择第 1 段人像素材；❷在三级工具栏中点击"美颜美体"
按钮，如图 6-27 所示。

Step 20 进入美颜美体工具栏，点击"智能美颜"按钮，如图 6-28 所示。

图 6-27

图 6-28

Step 21 弹出"智能美颜"面板，❶拖曳滑块，设置"磨皮"参数为
70；❷点击"全局应用"按钮，将磨皮效果应用到所有片段，如图 6-29
所示。

Step 22 返回主界面，❶拖曳时间轴至 1 s 的位置；❷依次点击"特效"
按钮和"画面特效"按钮，如图 6-30 所示。

Step 23 进入特效素材库，❶切换至"动感"选项卡；❷选择"抖动"特效，
如图 6-31 所示。

Step 24 点击✅按钮，确认添加特效，在三级工具栏中点击"作用对象"
按钮，如图 6-32 所示。

图 6-29

图 6-30

图 6-31

图 6-32

Step 25 弹出"作
用对象"面板，
点击"全局"按钮，
如图 6-33 所示，
即可将特效的作
用对象更改为所
有片段。

Step 26 在特效轨
道调整"抖动"
特效的持续时长，
如图 6-34 所示。

图 6-33

图 6-34

图 6-35

图 6-36

Step 27 点击《按
钮，返回到上一
级面板，点击"人
物特效"按钮，
如图 6-35 所示，
进入特效素材库。

Step 28 ❶切换至
"身体"选项卡；
❷选择"扫描Ⅱ"
特效，如图 6-36
所示。

157

Step 29 设置"扫描Ⅱ"特效的"作用对象"为"全局"，如图 6-37 所示。

Step 30 在特效轨道调整"扫描Ⅱ"特效的持续时长和位置，如图 6-38 所示。

Step 31 点击⊞按钮，进入"照片视频"界面，将视频素材导入视频轨道中，如图 6-39 所示。

图 6-37

图 6-38

图 6-39

6.2　运用混合模式

在剪映中，当运营者在画中画轨道中添加了一段素材后，就可以通过设置画中画素材的混合模式改变画面的呈现效果。剪映提供了 11 种不同效果的混合模式，运营者可以根据自身需求进行设置，生成不同的视频效果。

6.2.1　为商品添加聚焦效果：《钻戒》

【效果展示】：运营者可以使用"正片叠底"混合模式和"圆形"蒙版为商品添加聚焦效果，让画面的重点更突出，效果如图 6-40 所示。

扫码看案例效果　扫码看教学视频

图 6-40

下面介绍在剪映 App 中为商品添加聚焦效果的操作方法。

Step 01 在剪映中导入第 1 段商品视频素材，❶选择素材；❷调整素材右侧的白色拉杆，将其时长调整为 2.0 s，如图 6-41 所示。

Step 02 在二级工具栏中点击"复制"按钮，即可复制一段素材，效果如图 6-42 所示。

Step 03 ❶选择第 1 段素材；❷在二级工具栏中点击"切画中画"按钮，如图 6-43 所示，即可将其切换至画中画轨道。

Step 04 在三级工具栏中点击"混合模式"按钮，如图 6-44 所示。

图 6-41

图 6-42

图 6-43

图 6-44

Step 05 弹出"混合模式"面板，选择"正片叠底"选项，如图 6-45 所示。

Step 06 为了让聚焦的效果更明显，运营者需要对素材的亮度进行调节，点击☑按钮，返回上一级面板，在三级工具栏中点击"调节"按钮，如图 6-46 所示。

图 6-45　　　　　　　　　　　　图 6-46

Step 07 弹出"调节"面板，❶选择"亮度"选项；❷拖曳滑块，将参数设置为 -50，如图 6-47 所示，降低画面的整体亮度。

Step 08 ❶拖曳时间轴至画中画素材的起始位置；❷点击添加关键帧按钮◈，添加一个关键帧；❸在三级工具栏中点击"蒙版"按钮，如图 6-48 所示。

Step 09 弹出"蒙版"面板，❶选择"圆形"蒙版；❷点击"反转"按钮；❸拖曳羽化按钮※，如图 6-49 所示，为蒙版添加羽化效果。

Step 10 在预览区域调整蒙版的大小，如图 6-50 所示，使画面保持明亮的状态。

图 6-47

图 6-48

图 6-49

图 6-50

Step 11 ❶拖曳时间轴至 15 f 的位置；❷选择画中画素材；❸在三级工具栏中点击"蒙版"按钮，如图 6-51 所示。

Step 12 在预览区域调整蒙版的大小，如图 6-52 所示，即可实现聚焦效果。

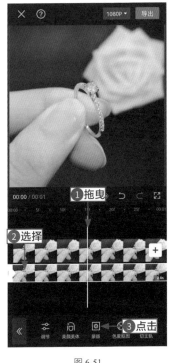

图 6-51

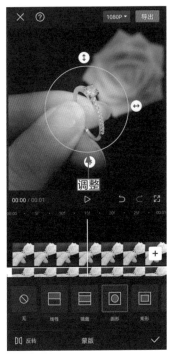

图 6-52

Step 13 返回主界面，依次点击"特效"按钮和"画面特效"按钮，如图 6-53 所示。

Step 14 进入特效素材库，❶切换至 Bling 选项卡；❷选择"月光闪闪"特效，如图 6-54 所示。

Step 15 ❶在特效轨道调整"月光闪闪"特效的持续时长；❷在三级工具栏中点击"调整参数"按钮，如图 6-55 所示。

Step 16 弹出"调整参数"面板，向左拖曳滑块，设置"滤镜"参数为 0，如图 6-56 所示。

图 6-53

图 6-54

图 6-55

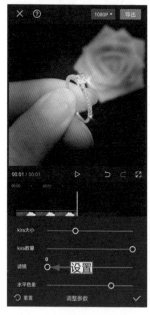

图 6-56

Step 17 用与上述操作相同的方法，设置"水平色差"和"垂直色差"的参数均为 0，如图 6-57 所示。

Step 18 ① 在第 1 段素材的后面导入第 2 段商品素材；② 为视频添加背景音乐，如图 6-58 所示。

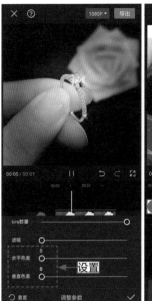

图 6-57　　　　　　图 6-58

6.2.2 叠加显示多个商品：《棒球帽》

【效果展示】：运营者可以使用剪映的"变暗"混合模式让多个白底商品素材叠加显示在同一个画面中，从而制作趣味视频效果，如图 6-59 所示。

扫码看案例效果　扫码看教学视频

图 6-59

下面介绍在剪映 App 中叠加显示多个商品的操作方法。

Step 01 在剪映中导入 3 段视频素材，依次点击"画中画"按钮和"新增画中画"按钮，如图 6-60 所示。

Step 02 进入"照片视频"界面，❶选择第 1 段白底素材；❷点击"添加"按钮，如图 6-61 所示，即可将白底素材导入画中画轨道。

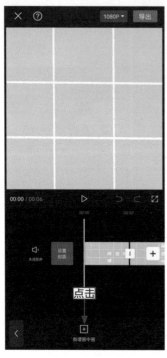

图 6-60

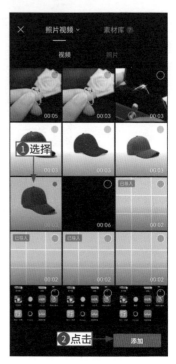

图 6-61

Step 03 用与上述操作相同的方法，将剩下的 3 段白底素材分别导入画中画轨道，如图 6-62 所示。

Step 04 ❶选择第 1 条画中画轨道中的白底素材；❷在三级工具栏中点击"混合模式"按钮，如图 6-63 所示。

Step 05 弹出"混合模式"面板，选择"变暗"选项，如图 6-64 所示。

Step 06 用与上述操作相同的方法，设置其他 3 段白底素材的"混合模式"为"变暗"，如图 6-65 所示。

图 6-62

图 6-63

图 6-64

图 6-65

Step 07 调整 4 段白底素材的持续时长，如图 6-66 所示。

Step 08 ①拖曳时间轴至 10 f 的位置；②选择第 1 条画中画轨道中的白底素材；③按住其左侧的白色拉杆并向右拖曳，让素材在 10 f 的位置出现，如图 6-67 所示。

图 6-66

图 6-67

Step 09 用与上述操作相同的方法，调整剩下 3 段白底素材的出现位置，让第 2 段、第 3 段和第 4 段白底素材分别在 20 f、1 s 与 1 s 10 f 的位置出现，如图 6-68 所示。

Step 10 在预览区域调整 4 段白底素材的画面大小和位置，如图 6-69 所示。

Step 11 ①选择第 1 条画中画轨道中的白底素材；②在三级工具栏中点击"复制"按钮，如图 6-70 所示，即可在第 1 条画中画轨道添加一段白底素材。

Step 12 用与上述操作相同的方法，分别在第 2 条、第 3 条和第 4 条画中画轨道添加白底素材，如图 6-71 所示。

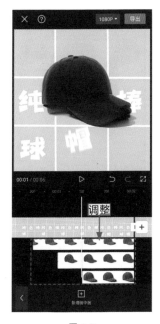

图 6-68

图 6-69

图 6-70

图 6-71

Step 13 在画中画轨道调整这些复制素材的位置，使它们的结束位置对准第 2 段视频素材的末尾，如图 6-72 所示。

Step 14 在预览区域调整第 2 条画中画轨道中第 2 段素材和第 3 条画中画轨道中第 2 段素材的画面位置，如图 6-73 所示。

Step 15 为视频添加背景音乐，如图 6-74 所示。

图 6-72

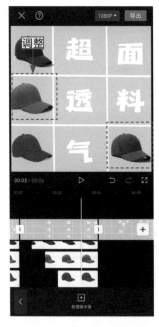

图 6-73

图 6-74

6.3 使用蒙版功能

使用"蒙版"功能可以改变素材画面的形状和大小，从而让素材变成类似贴纸一样的效果，为运营者制作视频效果提供更多的可能性。

6.3.1 改变画面的显示形状：《积木盆栽》

【效果展示】：运营者可以使用"画中画"功能和"爱心"蒙版制作多个爱心形状的画面效果，让视频画面不那么死板，效果如图 6-75 所示。

扫码看案例效果　扫码看教学视频

图 6-75

下面介绍在剪映 App 中改变画面显示形状的操作方法。

Step 01 在剪映中导入两段素材，在一级工具栏中点击"背景"按钮，如图 6-76 所示。

Step 02 进入背景工具栏，点击"画布样式"按钮，如图 6-77 所示。

Step 03 弹出"画布样式"面板，❶选择画布样式；❷点击"全局应用"按钮，如图 6-78 所示，将画布样式应用到所有片段。

Step 04 ❶选择第 2 段素材；❷在预览区域调整其画面大小；❸在三级工具栏中点击"蒙版"按钮，如图 6-79 所示。

图 6-76

图 6-77

图 6-78

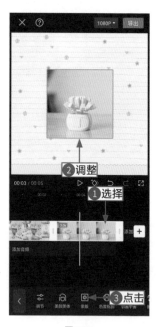

图 6-79

Step 05 弹出"蒙版"面板，❶选择"爱心"蒙版；❷在预览区域调整蒙版的大小，如图 6-80 所示。

Step 06 在预览区域调整第 2 段素材的位置，如图 6-81 所示。

图 6-80

图 6-81

图 6-82

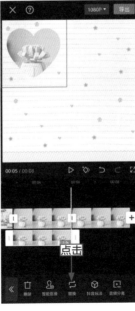

图 6-83

Step 07 连续两次点击"复制"按钮，复制两段素材，❶选择第 2 段素材；❷在三级工具栏中点击"切画中画"按钮，如图 6-82 所示，将其切换至画中画轨道。

Step 08 在三级工具栏中点击"替换"按钮，如图 6-83 所示。

Step 09 进入"照片视频"界面，选择要替换的素材，如图 6-84 所示。

Step 10 执行操作后，❶即可预览替换效果；❷点击"确认"按钮，如图 6-85 所示，即可完成替换。

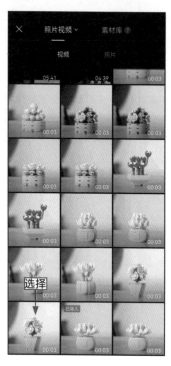

图 6-84

图 6-85

Step 11 在预览区域调整画中画素材的画面大小和位置，如图 6-86 所示。

Step 12 连续两次点击"复制"按钮，复制两段画中画素材，在画中画轨道调整复制素材的位置，❶运用"替换"功能替换素材；❷在预览区域调整替换素材的画面大小和位置，如图 6-87 所示。

Step 13 ❶选择第 2 段素材；❷在三级工具栏中点击"动画"按钮，如图 6-88 所示，进入动画工具栏。

Step 14 点击"入场动画"按钮，弹出"入场动画"面板，选择"镜像翻转"动画，如图 6-89 所示。

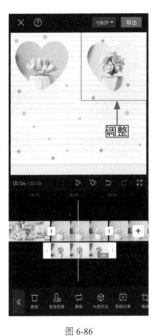

图 6-86

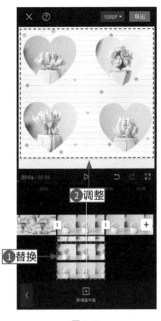

图 6-87

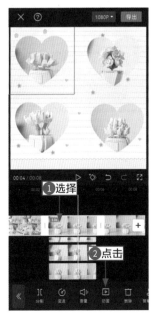

图 6-88

图 6-89

Step 15 用与上述操作相同的方法，为 3 段画中画素材添加"入场动画"面板中的"镜像翻转"动画，如图 6-90 所示。

Step 16 选择第 1 条画中画轨道中的素材，点击"复制"按钮，即可复制一段画中画素材，如图 6-91 所示。用与上述操作相同的方法，分别复制第 2 条画中画轨道的素材和第 3 条画中画轨道的素材。

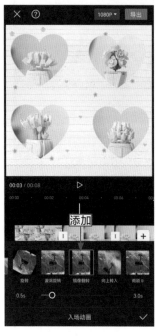

图 6-90

图 6-91

Step 17 对第 3 段素材和复制的素材进行替换，并在预览区域调整它们的画面大小和位置，如图 6-92 所示。

Step 18 为第 3 段素材添加"入场动画"面板中的"镜像翻转"动画，如图 6-93 所示。

Step 19 返回主界面，拖曳时间轴至第 2 段素材的起始位置，如图 6-94 所示。

Step 20 依次点击"文字"按钮和"新建文本"按钮，❶在文本框中输入文字内容；❷在"字体"选项卡中选择文字字体，如图 6-95 所示。

图 6-92

图 6-93

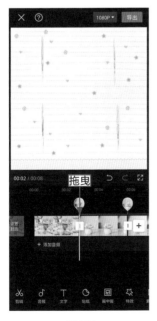

图 6-94

图 6-95

Step 21 ❶切换至
"样式"选项卡；
❷选择文字样式，
如图 6-96 所示。

Step 22 ❶切换至
"动画"选项卡；
❷在"入场动画"
选项区中选择"水
平翻转"动画，
如图 6-97 所示。

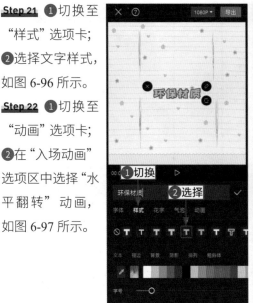

图 6-96　　　　　　　　　图 6-97

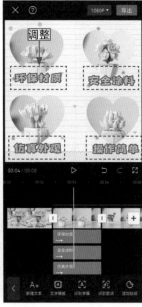

图 6-98　　　　　　　图 6-99

Step 23 用与上述
操作相同的方法，
再添加 3 段文字，
并为它们添加"入
场动画"选项区
中的"水平翻转"
动画，如图 6-98
所示。

Step 24 在预览区
域调整 4 段文字
的位置，如图 6-99
所示。

Step 25 选择第 1
条文字轨道中的文
字，连续两次点
击"复制"按钮，
复制两段文字，修
改文字内容，在文
字轨道调整复制文
字的位置，并在预
览区域调整文字的
位置和大小，如
图 6-100 所示。

Step 26 为视频添
加背景音乐，如
图 6-101 所示。

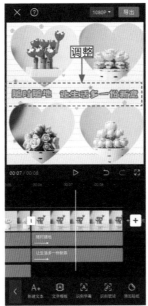

图 6-100

图 6-101

6.3.2　制作商品展示 PPT：《复古音响》

【效果展示】：运营者可以使用多种蒙版样
式制作不同形状的画面效果，再搭配文字、
动画、转场和贴纸，可制作商品展示 PPT，
效果如图 6-102 所示。

扫码看案例效果　扫码看教学视频

图 6-102

　　下面介绍在剪映 App 中制作商品展示 PPT 的操作方法。

Step 01 在剪映中导入 4 段素材，依次点击"背景"按钮和"画布样式"

按钮，如图 6-103 所示。

Step 02 弹出"画布样式"面板，❶选择画布样式；❷点击"全局应用"按钮，如图 6-104 所示。

图 6-103

图 6-104

Step 03 返回主界面，在一级工具栏中点击"比例"按钮，进入"比例"工具栏，选择"16:9"选项，如图 6-105 所示，即可改变视频画布比例。

Step 04 为视频添加背景音乐，❶选择音频；❷在三级工具栏中点击"踩点"按钮，如图 6-106 所示。

Step 05 弹出"踩点"面板，点击"自动踩点"按钮，如图 6-107 所示，为音频添加节奏点。

Step 06 点击第 1 段和第 2 段素材中间的转场按钮⊞，弹出"转场"面板，❶切换至"幻灯片"选项卡；❷选择"倒影"转场，如图 6-108 所示。

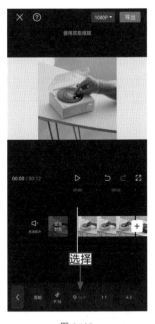

图 6-105

图 6-106

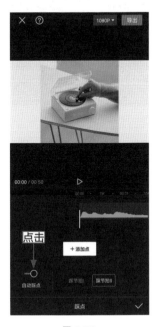

图 6-107

图 6-108

Step 07 用与上述操作相同的方法，在第 2 段和第 3 段、第 3 段和第 4 段素材中间分别添加"幻灯片"选项卡中的"回忆"转场和"压缩"转场，如图 6-109 所示。

Step 08 根据小黄点的位置，调整 4 段素材的持续时长，并删除多余的音频，❶选择第 1 段素材；❷在三级工具栏中点击"动画"按钮，如图 6-110 所示。

图 6-109

图 6-110

Step 09 进入动画工具栏，点击"入场动画"按钮，弹出"入场动画"面板，选择"镜像翻转"动画，如图 6-111 所示。

Step 10 用与上述操作相同的方法，为第 2 段、第 3 段和第 4 段素材分别添加"入场动画"面板中的"雨刷Ⅱ"动画、"钟摆"动画和"放大"动画，如图 6-112 所示。

Step 11 选择第 1 段素材，在三级工具栏中点击"蒙版"按钮，弹出"蒙版"面板，选择"矩形"蒙版，如图 6-113 所示。

Step 12 在预览区域调整第 1 段素材的画面大小和"矩形"蒙版的大小，并为蒙版添加圆角效果，调整第 1 段素材至合适位置，如图 6-114 所示。

图 6-111

图 6-112

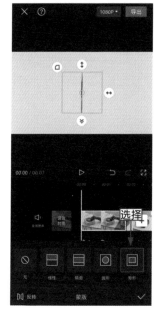

图 6-113

图 6-114

Step 13 用与上述操作相同的方法，为第 2 段、第 3 段和第 4 段素材分别添加"蒙版"面板中的"圆形"蒙版、"星形"蒙版和"镜面"蒙版，适当设置羽化效果，并在预览区域调整蒙版和素材的画面位置与大小，如图 6-115 所示。

Step 14 返回主界面，拖曳时间轴至视频起始位置，依次点击"文字"按钮和"新建文本"按钮，❶在文本框中输入文字内容；❷在"字体"选项卡中选择字体，如图 6-116 所示。

图 6-115

图 6-116

Step 15 ❶切换至"样式"选项卡；❷选择文字样式，如图 6-117 所示。

Step 16 ❶切换至"气泡"选项卡；❷选择气泡样式，如图 6-118 所示。

Step 17 ❶切换至"动画"选项卡；❷在"入场动画"选项区中选择"闪动"动画，如图 6-119 所示。

Step 18 ❶在预览区域调整文字的大小和位置，❷在文字轨道调整文字的持续时长，如图 6-120 所示。

图 6-117

图 6-118

图 6-119

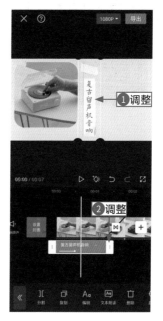

图 6-120

Step 19 连续点击"复制"按钮两次，复制两段文字，更改气泡样式和文字内容，在文字轨道调整文字的出现位置和持续时长，并在预览区域调整文字的位置，如图 6-121 所示。

Step 20 返回主界面，拖曳时间轴至第 1 个小黄点的位置，依次点击"文字"按钮和"新建文本"按钮，❶在文本框中输入文字内容；❷在"花字"选项卡的"热门"选项区中选择花字样式，如图 6-122 所示。

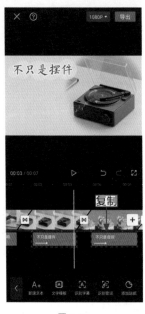

图 6-121   图 6-122

Step 21 ❶切换至"气泡"选项卡；❷点击🚫按钮，如图 6-123 所示，即可清除添加的气泡样式。

Step 22 ❶切换至"动画"选项卡；❷在"入场动画"选项区中选择"向上重叠"动画，如图 6-124 所示。

Step 23 ❶在预览区域调整文字的大小和位置，❷在文字轨道调整文字的持续时长，如图 6-125 所示。

Step 24 用与上述操作相同的方法，在适当位置再添加多段文字，设置动画效果，在文字轨道调整文字的持续时长，并在预览区域调整文字的大小和位置，如图 6-126 所示。

图 6-123

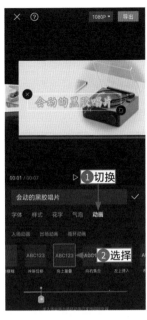

图 6-124

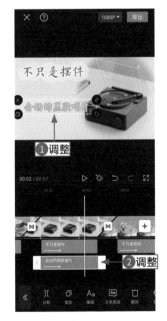

图 6-125

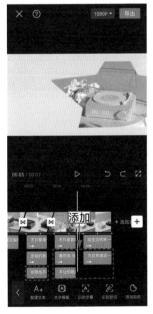

图 6-126

Step 25 返回主界面，拖曳时间轴至视频起始位置，在一级工具栏中点击"贴纸"按钮，进入贴纸素材库，❶输入并搜索"种草"贴纸；❷在"搜索结果"列表中选择贴纸，如图 6-127 所示。

Step 26 ❶在预览区域调整贴纸的大小和位置；❷调整贴纸的持续时长，如图 6-128 所示。

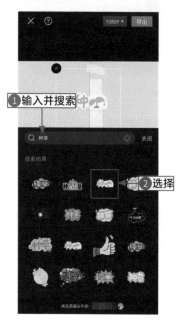

图 6-127

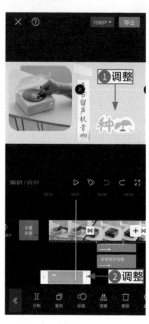

图 6-128

02　内容策划篇

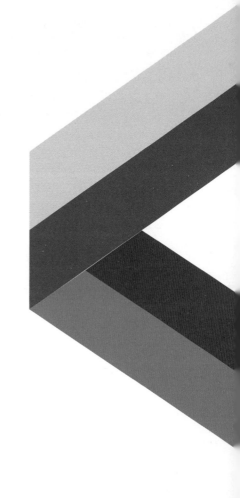

第7章
视频脚本：
提高工作效率

好的脚本不仅可以确定故事的发展方向，提高短视频拍摄的效率和质量，同时还可以指导短视频的后期剪辑。无论是商品短视频，还是普通的短视频，视频脚本的创作方法和思路都是相似的。

7.1 创作视频脚本

在很多人眼中，短视频似乎比电影还好看，很多短视频不仅画面和 bgm（background music，背景音乐）劲爆，而且剧情转折巧妙，不拖泥带水，能够让人"流连忘返"。

其实这些精彩的短视频都是靠脚本支撑的，脚本是整个短视频内容的大纲，对于剧情的发展与走向起到了决定性作用。因此，运营者需要写好短视频的脚本，让短视频的内容更加优质，这样才有更多机会上热门。

7.1.1 了解视频脚本

脚本是运营者拍摄短视频的主要依据，能够提前统筹安排好短视频拍摄过程中的所有事项，包括什么时候拍、用什么设备拍、拍什么背景、拍谁及怎么拍等。表 7-1 所示就是一个简单的短视频脚本模板。

表 7-1

镜　号	景　别	运　镜	画　面	设　备	备　注
1	远景	固定镜头	在天桥上俯拍城市中的车流	手机广角镜头	延时摄影
2	全景	跟随运镜	拍摄主角从天桥上走过的画面	手持稳定器	慢镜头
3	近景	上升运镜	从人物手部拍到头部	手持拍摄	
4	特写	固定镜头	人物脸上露出开心的表情	三脚架	
5	中景	跟随运镜	拍摄人物走下天桥楼梯的画面	手持稳定器	
6	全景	固定镜头	拍摄人物与朋友见面问候的场景	三脚架	
7	近景	固定镜头	拍摄两人手牵手的温馨画面	三脚架	后期背景虚化
8	远景	固定镜头	拍摄两人走向街道远处的画面	三脚架	欢快的背景音乐

在创作短视频的过程中，所有参与前期拍摄和后期剪辑的人员都需要遵从脚本的安排，包括摄影师、演员、道具师、化妆师及剪辑师等。

如果短视频没有脚本，就很容易出现各种问题，例如拍到一半发现场景不合适，或者道具没准备好等。这样不仅会浪费时间和金钱，而且也很难制作出想要的短视频。

7.1.2 视频脚本的作用

短视频脚本主要用于指导所有参与短视频创作的工作人员的行为和动作，从而提高工作效率，并保证短视频的质量。图 7-1 所示为短视频脚本的作用。

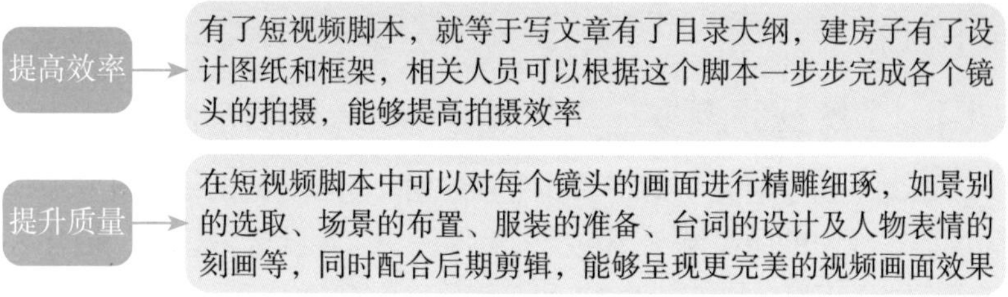

| 提高效率 | 有了短视频脚本，就等于写文章有了目录大纲，建房子有了设计图纸和框架，相关人员可以根据这个脚本一步步完成各个镜头的拍摄，能够提高拍摄效率 |
| 提升质量 | 在短视频脚本中可以对每个镜头的画面进行精雕细琢，如景别的选取、场景的布置、服装的准备、台词的设计及人物表情的刻画等，同时配合后期剪辑，能够呈现更完美的视频画面效果 |

图 7-1

7.1.3 常见脚本类型

短视频的时长虽然很短，但只要运营者足够用心，精心设计短视频的脚本和每一个镜头画面，让短视频的内容更加优质，就能获得更多上热门的机会。短视频脚本一般分为分镜头脚本、拍摄提纲和文学脚本 3 种，如图 7-2 所示。

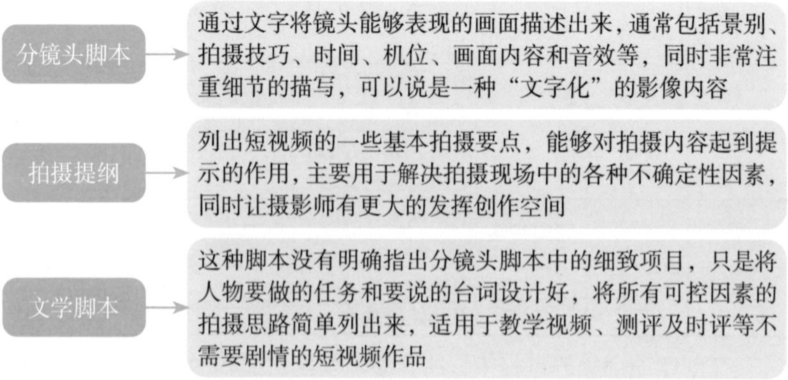

分镜头脚本	通过文字将镜头能够表现的画面描述出来，通常包括景别、拍摄技巧、时间、机位、画面内容和音效等，同时非常注重细节的描写，可以说是一种"文字化"的影像内容
拍摄提纲	列出短视频的一些基本拍摄要点，能够对拍摄内容起到提示的作用，主要用于解决拍摄现场中的各种不确定性因素，同时让摄影师有更大的发挥创作空间
文学脚本	这种脚本没有明确指出分镜头脚本中的细致项目，只是将人物要做的任务和要说的台词设计好，将所有可控因素的拍摄思路简单列出来，适用于教学视频、测评及时评等不需要剧情的短视频作品

图 7-2

总的来说，分镜头脚本适用于剧情类的短视频内容；拍摄提纲适用于访谈类或资讯类的短视频内容；文学脚本则适用于没有剧情的短视频内容。

7.1.4　前期准备工作

运营者在开始创作短视频脚本前，需要做好前期准备工作，将短视频的整体拍摄思路确定好，同时制定一个基本的创作流程。图 7-3 所示就是编写短视频脚本的前期准备工作。

内容定位	确定好内容的表现形式，具体做哪方面的内容，如情景故事、产品带货、美食探店、服装穿搭、才艺表演或者人物访谈等，将基本内容确定下来
主题策划	有了内容创作方向后，还要根据这个方向确定拍摄主题，例如美食探店类的视频内容，拍摄的是"烤全羊"，这就是具体的拍摄主题
选定时间	将各个镜头拍摄的时间定下来，形成具体的拍摄方案，并提前告知所有的工作人员，让大家做好准备和安排好时间，确保拍摄进度的正常进行
选定地点	选择具体的拍摄地点，是在室外拍摄，还是在室内拍摄，这些都要提前安排好。例如，拍摄风光类的短视频，就需要选择有山有水或者风景优美的地方
选定 bgm	短视频的 bgm 是非常重要的元素，合适的 bgm 可以为短视频带来更多的流量和热度。例如，拍摄舞蹈类的短视频，就需要选择节奏感较强的 bgm
拍摄参照	运营者还可以找一个优秀的同类型短视频作为参照物，看看其中哪些场景和镜头值得借鉴，可以将其用到自己的短视频脚本中

图 7-3

运营者要耐心、认真地做好这些准备工作，这样才能在后面的脚本编写、视频拍摄和剪辑中提前规避一些可能出现的问题，以提高工作效率，节省运营者的时间和精力。

7.1.5 6 大基本要素

在短视频脚本中，运营者需要认真设计每一个镜头。下面主要通过 6 个基本要素介绍短视频脚本的策划，如图 7-4 所示。

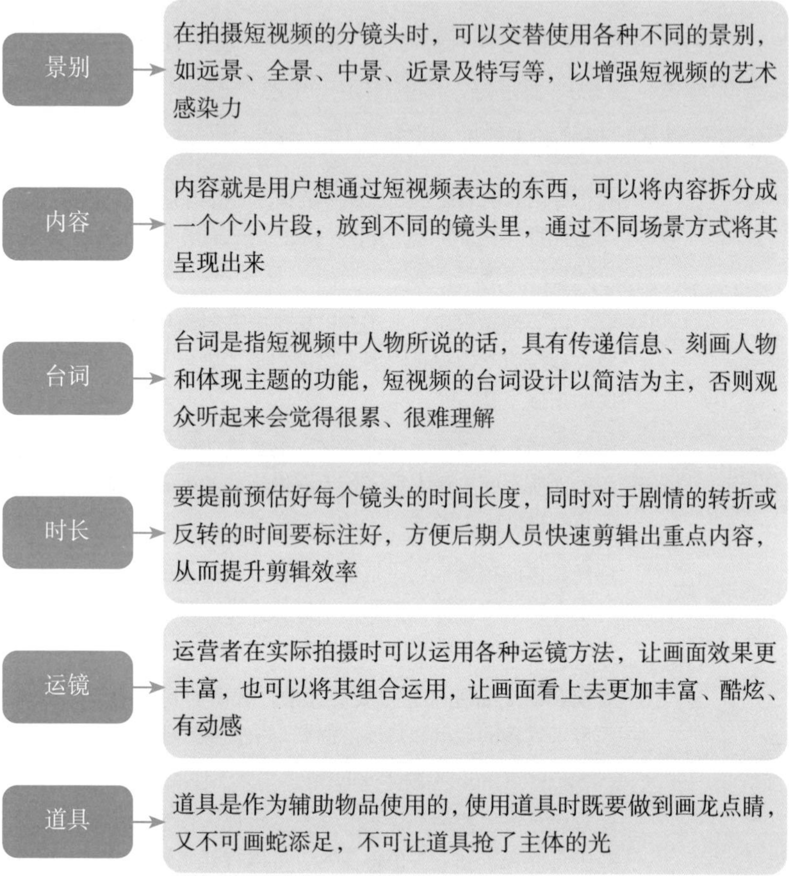

景别 ➤ 在拍摄短视频的分镜头时，可以交替使用各种不同的景别，如远景、全景、中景、近景及特写等，以增强短视频的艺术感染力

内容 ➤ 内容就是用户想通过短视频表达的东西，可以将内容拆分成一个个小片段，放到不同的镜头里，通过不同场景方式将其呈现出来

台词 ➤ 台词是指短视频中人物所说的话，具有传递信息、刻画人物和体现主题的功能，短视频的台词设计以简洁为主，否则观众听起来会觉得很累、很难理解

时长 ➤ 要提前预估好每个镜头的时间长度，同时对于剧情的转折或反转的时间要标注好，方便后期人员快速剪辑出重点内容，从而提升剪辑效率

运镜 ➤ 运营者在实际拍摄时可以运用各种运镜方法，让画面效果更丰富，也可以将其组合运用，让画面看上去更加丰富、酷炫、有动感

道具 ➤ 道具是作为辅助物品使用的，使用道具时既要做到画龙点睛，又不可画蛇添足，不可让道具抢了主体的光

图 7-4

7.1.6 基本编写流程

在编写短视频脚本时，运营者要遵循化繁为简的原则，同时还要确保内容丰富与完整。图 7-5 所示为短视频脚本的基本编写流程。

搭建框架	即拟出短视频的基本大纲，将拍摄主题、故事线索、人物关系、场景选址等在草稿上简单列出来
明确主题	找出短视频的中心主题，即短视频的内涵是什么，或者运营者想表达怎样的思想，围绕主题写出具体的大纲
设置角色	即短视频中要出现哪些人物，他们分别担任什么角色，或者需要完成什么任务
选择场景	找出与每个镜头主题相搭配的拍摄地点，以及场景中用到的道具，将其列到脚本中，例如，可以选择餐厅拍摄聚餐的场景
设计情节	即短视频的剧情是如何发展的，如顺叙、插叙及倒叙等方式，情节的设计要能够充分调动观众的情绪
运用影调	在短视频中表达不同的情绪时，可以运用影调增加这种情绪的氛围感，如搞笑的画面可以搭配暖色调
背景音乐	除了影调，还可以利用背景音乐或音效渲染剧情气氛，例如，可以为搞笑的短视频搭配一些笑声作为音效

图 7-5

7.2　优化视频脚本

　　脚本是短视频立足的根基，不过短视频脚本不同于微电影或者电视剧的剧本，尤其是用手机拍摄的短视频，运营者不用写太多复杂多变的镜头景别，而应该多安排一些反转、反差或者充满悬疑的情节，以引起观众的兴趣。

　　另外，短视频的节奏很快，信息点很密集，因此每个镜头的内容都要在脚本中交代清楚。本节主要介绍编写短视频脚本的一些技巧，帮助大家写出更优质的脚本。

7.2.1 学会换位思考

要想拍出真正优质的短视频作品，运营者需要站在观众的角度策划脚本内容。例如，观众喜欢看什么内容，如何拍摄才能让观众看着更有感觉等。

显而易见，在短视频领域，内容比技术更加重要，即便拍摄场景和服装道具比较简陋，只要内容足够吸引观众，短视频就能火。

技术是可以慢慢练习的，但好的内容却需要运营者有一定的创作灵感，就像音乐创作，好的歌手不一定是好的音乐人，好的作品会经久流传。尽管抖音上充斥着各种"五毛特效"，但制作者精心设计的内容，仍然获得了观众的喜爱，至少可以认为他们比较懂观众的"心"。

例如，图 7-6 所示的这个短视频账号中的人物主要以模仿各类影视剧和游戏的角色为主，表面上看比较粗糙，但其实每个道具都恰到好处地体现了他们所模仿人物的特点，而且特效也用得恰到好处，同时内容上也并不是单纯的模仿，而是加入了原创剧情，甚至还出现了不少经典台词，获得了大量粉丝的关注和点赞。

图 7-6

7.2.2 注重画面美感

短视频的拍摄和摄影类似，都非常注重审美，审美决定了作品高度。如今，随着各种智能手机的摄影功能越来越强大，进一步降低了短视频的拍摄门槛，不论是谁，只要拿起手机就能拍摄短视频。

另外，各种剪辑软件也越来越智能，不管拍摄的画面多么粗糙，经过后期剪辑处理，都能变得很好看，就像抖音上神奇的"化妆术"一样。例如，剪映 App 中的"一键成片"功能，就内置了很多模板和效果，运营者只需要调入拍好的视频或照片素材，即可轻松做出同款短视频效果，如图 7-7 所示。

图 7-7

也就是说，短视频的技术门槛已经越来越低了，普通人也可以轻松创作和发布短视频作品。但是，每个人的审美观是不一样的，短视频的艺术审美和强烈的画面感都是加分项，能够提升运营者的竞争力。

运营者不仅需要保证视频画面的稳定性和清晰度，还需要突出主体，可以多组合各种景别、构图、运镜方式，并结合快镜头和慢镜头，增强视频画面的运动感、层次感和表现力。总之，要形成好的审美观，需要多思考、多学习、多总结、多实践。

7.2.3　设计转折场景

在策划短视频的脚本时，运营者可以设计一些反差感强烈的转折场景，通过这种高低落差的安排，能够形成十分明显的对比效果，为短视频带来新意，同时也为观众带来更多看点。

短视频中的冲突和转折能够让观众产生惊喜感，同时对剧情的印象更加深刻，刺激他们点赞和转发。下面笔者总结了一些在短视频中设置冲突和转折的相关技巧，如图 7-8 所示。

剧情有代入感　→　剧情贴合观众的生活或工作场景，增加代入感

台词幽默搞笑　→　采用旁白进行叙事，设计能引起观众爆笑的台词

剧情容易模仿　→　结合正能量与反转剧情，带动观众进行模仿跟拍

人物形象反差　→　剧中的人物形象与角色定位或话题形成强烈反差

试听体验反差　→　使用与剧情形成强烈反差的背景音乐，增加噱头

加入地域对比　→　采用不同地域的文化习惯或生活方式形成鲜明对比

加入角色对比　→　设计人物财富、人物年龄、人物形象等对比

图 7-8

短视频的灵感来源，除了靠自身的创意想法外，也可以多收集一些"热梗"，这些"热梗"通常自带流量和话题属性，能够吸引大量观众点赞。运营者可以将短视频的点赞量、评论量、转发量作为筛选依据，找到并收藏抖音平台上的热门视频，然后进行模仿、跟拍和创新，打造属于自己的优质短视频作品。

7.2.4 模仿优质脚本

如果运营者在策划短视频的脚本内容时，很难找到创意，也可以翻拍和改编一些经典的影视作品。运营者在寻找翻拍素材时，可以在豆瓣电影平台找到各类影片的排行榜，如图 7-9 所示，将排名靠前的影片都列出来，然后从中寻找经典的片段，包括某个画面、道具、人物造型等，都可以将其用到自己的短视频中。

图 7-9

7.2.5 常用内容形式

对于短视频新手来说，账号定位和后期剪辑都不是难点，往往最让他们头疼的是脚本策划。有时候，优质的脚本可以快速将一条短视频推上热门。那么，什么样的脚本才能让短视频上热门，并获得更多人的点赞呢？图 7-10 总结了一些优质短视频脚本的常用内容形式。

有价值	短视频中提供的信息有实用价值，如知识、技巧等
有观点	能够在第一时间展现能抓住人心的观点，用词不宜深奥，如生活感悟等
有共鸣	短视频内容一定要能够和观众产生共鸣，如价值共鸣、经历共鸣等，获得观众的认同
有冲突	例如，可以在短视频的开头抛出问题或设置悬念，利用"好奇心"引导观众看完整条视频；或者在中间设置反转剧情，点燃观众的兴趣点
有利益	例如，告诉观众看完这个视频，或者关注自己，他们能够获得哪些利益，运营者可以解决观众的哪些痛点，给出利益点，给观众一个美好的期待
有收获	很多观众看短视频时抱着一种学习的心态，希望能够收获新的知识，因此短视频内容需要给观众营造"获得感"
有惊喜	运营者要做出有自己特色的内容，如采用新颖的拍摄手法或故事内容，给观众带来惊喜
有感官	运营者可以采用"技术流"的拍法，通过热烈、新潮的音乐，并搭配炫酷的特效，给观众带来视听刺激

图 7-10

7.3 掌握镜头语言

如今，短视频已经形成一条完整的商业产业链，越来越多的企业、机构开始用短视频进行宣传推广，因此短视频的脚本创作也越来越重要。

要写出优质的短视频脚本，运营者还需要掌握短视频的镜头语言，这是一种比较专业的拍摄手法，是短视频行业中的高级玩家和专业玩家必须掌握的技能。

7.3.1 常用镜头术语

对于普通的短视频玩家来说，通常都是凭感觉拍摄和制作短视频作品，这样显然是事倍功半的。要知道，很多专业的短视频机构制作一条短视频通常只需要很少的时间，这就需要通过镜头语言提升效率。

镜头语言也称为镜头术语，常用的短视频镜头术语有景别、运镜、构图、用光、转场、时长、关键帧、蒙太奇、定格及闪回等，这些也是短视频脚本中的重点元素，相关介绍如图 7-11 所示。

景别　由于镜头与拍摄对象的距离不同，主体在镜头中所呈现的范围大小也不同。景别越大，环境因素越多；景别越小，强调因素越多

运镜　运镜即移动镜头的方式，就是通过移动镜头机位，以及改变镜头光轴或焦距等方式进行拍摄，将所拍摄的画面称为运动画面

构图　构图是指在拍摄短视频时，根据对拍摄对象和主题思想的要求，将要表现的各个元素适当地组织起来，让画面看上去更加协调、完整

用光　短视频和摄影一样，都是光的艺术创作形式，光线不仅有造型功能，而且还会对画面色彩产生极大的影响，同时不同意境下的光线也能够产生不同的表达效果

转场　转场就是各个镜头和场景之间的过渡或切换手法，可以分为技巧转场和无技巧转场，如淡入淡出、出画入画等

时长　时长是指短视频的时间长度，常用的单位有秒、分、时、帧等。各大短视频平台对于视频时长的要求不同，抖音对短视频的时长定义为 15 s

关键帧　关键帧是指角色或者物体运动变化过程中关键动作所处的那一帧，帧是短视频中的最小单位，相当于电影胶片上的每一格镜头

蒙太奇　蒙太奇（montage）是一种镜头组合理论，包括画面剪辑和画面合成两方面，通过将不同方法拍摄的镜头排列组合起来，可以更好地叙述情节和刻画人物

定格　定格是一种影视效果，即通过重复某一影像的方式制造凝止的动作，使得影像持续犹如一张静止的照片，让镜头更有冲击力

闪回　闪回通常是借助倒叙或插叙的叙事手法，将曾经出现过的场景或者已经发生过的事情，以很短暂的画面突然插入某一场景中，从而表现人物当时的心理活动及感情起伏，手法较为简洁明快

图 7-11

7.3.2　了解视频转场

无技巧转场是通过一种十分自然的镜头过渡方式连接两个场景，

整个过渡过程看上去非常合乎情理，能够达到承上启下的作用。当然，无技巧转场并非完全没有技巧，它是利用人的视觉转换安排镜头的切换，因此需要找到合理的转换因素和适当的造型因素。

常用的无技巧转场方式有两极镜头转场、同景别转场、特写转场、声音转场、空镜头转场、封挡镜头转场、相似体转场、地点转场、运动镜头转场、同一主体转场、主观镜头转场、逻辑因素转场等。

例如，空镜头（又称"景物镜头"）转场是指画面中只有景物、没有人物的镜头，具有非常明显的间隔效果，不仅可以渲染气氛、抒发感情、推进故事情节和刻画人物的心理状态，而且还能够交代时间、地点和季节的变化等。

技巧转场是指通过后期剪辑软件在两个片段中间添加转场特效，实现场景的转换。常用的技巧转场方式有淡入淡出、缓淡—减慢、闪白—加快、划像（二维动画）、翻转（三维动画）、叠化、遮罩、幻灯片、特效、运镜、模糊、多画屏分割等。

如图 7-12 所示，这个视频采用的就是幻灯片中的"百叶窗"和"风车"转场效果，让视频画面像百叶窗和风车一样切换到下一场景。

图 7-12

7.3.3　运用"起幅"与"落幅"

"起幅"与"落幅"是拍摄运动镜头时非常重要的两个术语，在后期制作中可以发挥很大的作用，相关介绍如图 7-13 所示。

起幅 → 即运动镜头的起始固定画面，不仅要求构图平稳、自然、有美感，还要固定一段时间（至少 3 s）之后才能开始运镜，而且转场时的画面要自然流畅

落幅 → 即运动镜头的结束固定画面，不仅讲究精确的构图，还要在最后拍摄的对象上停留若干时间，通常采用"动接动"的衔接方法进行过渡，实现运动镜头与固定画面之间的无缝连接

图 7-13

"起幅"与"落幅"的固定画面不仅可以用来强调短视频中要重点表达的对象或主题，而且还可以单独作为固定镜头使用。

如图 7-14 所示，这个短视频片段采用的是摇移运镜的方式，"起幅"的镜头部分为人物主体，随着人物伸出手臂指向远处，镜头也跟随摇动，"落幅"的镜头部分为人物手指向的江对岸的风景。

❶ "起幅"的镜头部分

❷ 摇移运镜的过程

❸ "落幅"的镜头部分 ──→

图 7-14

7.3.4 把握镜头节奏

镜头节奏受镜头的长度、场景的变换和镜头中的影像活动等因素的影响。在通常情况下，镜头节奏越快，视频的剪辑率越高、镜头越短。剪辑率是指单位时间内镜头个数的多少，由镜头的长短决定。

例如，长镜头就是一种典型的慢节奏镜头形式，而延时摄影则是一种典型的快节奏镜头形式。长镜头（long take）也称为一镜到底、不中断镜头或长时间镜头，是一种与蒙太奇相对应的拍摄手法，是指拍摄的开机点与关机点的时间距离较长。

延时摄影（time-lapse photography）也称为延时技术、缩时摄影或缩时录影，是一种压缩时间的拍摄手法，它能够将大量的时间进行压缩，将几小时、几天，甚至几个月中的变化过程，通过极短的时间（如几秒或几分钟）展现出来，因此镜头节奏非常快，能够给观众呈现一种强烈与震撼的视觉效果，如图 7-15 所示。

图 7-15

7.3.5 采用多机位拍摄

多机位拍摄是指使用多个拍摄设备，从不同的角度和方位拍摄同一场景，适合规模宏大或者角色较多的拍摄场景，如访谈类、杂志类、演示类、谈话类及综艺类等短视频类型。

图 7-16 所示为一种谈话类视频的多机位设置图，共安排了 7 台拍摄设备：1、2、3 号机用于拍摄主体人物，其中 1 号机（带有提词器设备）重点用于拍摄主持人；4 号机安排在后排观众的背面，用于拍全景、

中景或中近景；5 号机和 6 号机安排在嘉宾的背面，需要用摇臂将其架高一些，用于拍摄观众的反应；7 号机则专门用于拍观众。

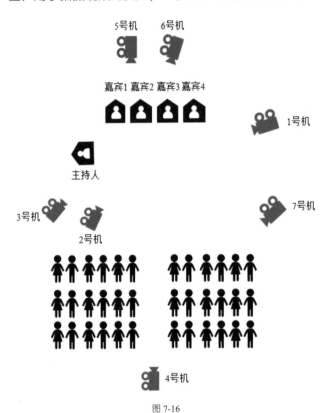

图 7-16

多机位拍摄可以通过各种景别镜头的切换，让视频画面更加生动、更有看点。另外，如果某个机位的画面有失误或瑕疵，也可以用其他机位弥补。通过不同的机位来回切换镜头，可以让观众不容易产生视觉疲劳，并保持更久的关注度。

第8章
视频内容：
吸引用户注意

做好短视频运营的关键在于内容，内容的好坏直接决定了账号的成功与否。观众之所以关注你、喜欢你，很大一部分原因就在于你的内容成功吸引了他，打动了他。本章主要介绍短视频的内容策划技巧，帮助大家打造爆款内容。

8.1　爆款内容形式

很多人拍短视频时，不知道该拍什么内容，不知道哪些内容更容易上热门。笔者在本节给大家分享了一些常见爆款短视频的内容形式，只要你的内容戳中了"要点"，也可以快速蹿红。

8.1.1　带来心动感

观众给短视频点赞的很大一部分原因，是他们被视频中的人物"颜值"迷住了，也可以理解为"心动的感觉"。比起其他的内容形式，好看的外表确实很容易获取大众的好感。

但是，笔者说的"一见钟情"并不单单指视频中的人物"颜值"高或身材好，而是通过一定的装扮和肢体动作，在视频中表现出来"充分入戏"的镜头感。因此，"一见钟情"是"颜值＋身材＋表现力＋亲和力"的综合体现，如图 8-1 所示。

图 8-1

> **特别提醒**　注意，人物所处的拍摄环境相当重要，必须与视频的主题相符合，而且场景尽量要干净整洁。因此，运营者要尽量寻找合适的场景，不同的场景可以营造不同的视觉感受，通常是越简约越好。

在抖音上我们可以看到很多"颜值"高的运营者只是简单地唱一首歌、跳一段舞，在大街上随便走走，或者翻拍一个简单的动作，即可轻松获得百万点赞。从这一点可以知道，外表吸引力强的内容往往更容易获得大家的关注。

8.1.2　添加搞笑元素

打开抖音 App，随便"刷"几个短视频，就会看到其中有搞笑类的视频内容。这是因为"刷"短视频毕竟是人们在闲暇时间用来放松或消遣的娱乐方式，因此平台也非常喜欢搞笑类的视频，更愿意将这些视频推送给观众，增加观众对平台的好感，同时让平台的活跃度更高。

因此，运营者要了解平台的喜好，做平台喜欢的内容，在自己的短视频中添加一些搞笑元素，增加内容的吸引力，让观众看到视频后乐开了花，忍不住要给你点赞。运营者在拍摄搞笑类短视频时，可以从图 8-2 所示的 3 个方面入手创作视频内容。

剧情恶搞	→	运营者可以通过自行招募演员、策划剧本拍摄具有搞笑风格的视频作品。这类视频中的人物形体和动作通常都比较夸张，同时语言幽默，感染力非常强
创意剪辑	→	运营者可以截取一些搞笑的短片镜头画面或动图，将其嵌入视频的转场处，并配上字幕和背景音乐，制作成创意搞笑的视频内容
犀利吐槽	→	对于语言表达能力比较强的运营者来说，可以直接用真人出镜的形式，上演脱口秀节目，吐槽一些接地气的热门话题或者各种趣事，加上较为夸张的造型、神态和表演，能够给观众留下深刻印象，吸引粉丝关注

图 8-2

特别提醒　运营者也可以自行拍摄各类原创幽默搞笑段子，变身搞笑达人，轻松获得大量粉丝关注。当然，这些搞笑段子的内容最好来源于生活，与大家的生活息息相关，或者就是发生在自己周围的事，这样会让人们产生亲切感。

另外，搞笑类的视频内容包含面非常广，不容易让观众产生审美疲劳，这也是很多人喜欢搞笑段子的原因。

8.1.3　治愈用户心灵

与"颜值"类似的"萌值"，如萌宝、萌宠等类型的短视频内容，同样具有难以抗拒的强大吸引力，能够让观众瞬间觉得心灵被治愈了。

在短视频中，那些憨态可掬的萌宝、萌宠具备强大的治愈力，不仅可以快速火起来，而且还可以获得大家的持续关注。萌往往和"可爱"这个词对应，所以许多观众在看到萌的事物时，都会忍不住想多看几眼。

萌宝是深受观众喜爱的一个群体。萌宝本身就很可爱了，而且他们的一些行为举动也容易让人觉得非常有趣。所以，与萌宝相关的视频能很容易地吸引许多观众的目光。

当然，萌不是人类的专有名词，小猫、小狗等可爱的宠物也是很萌的。许多人之所以养宠物，就是觉得萌宠特别惹人怜爱。如果能把宠物日常生活中惹人怜爱、憨态可掬的一面通过视频展现出来，也能轻松吸引大家的目光。

也正是因为如此，抖音上兴起了一大批"网红"萌宠。例如，"会说话的刘二豆"在抖音上获得了近 4000 万的粉丝关注，其内容以记录两只猫在生活中遇到的趣事为主，视频中经常出现各种"热梗"，配以"戏精"主人的表演，给人以轻松愉悦之感。

8.1.4　展示才艺技能

"不得不服"的内容类型是指在短视频中展示各种才艺技能，如唱歌跳舞、影视特效或者生活化的冷门匠人技能等，或者拍摄"技术流"类型的短视频，都能够让观众由衷佩服。在制作这类视频时，要注意才艺的稀缺度和技能的专业度，同时还要有一定的镜头感，这样才能获取观众的大量点赞。

才艺包含的范围很广，除了常见的唱歌、跳舞，还包括摄影、绘画、书法、演奏、相声、脱口秀、武术及杂技等。只要视频中展示的才艺足够专业、独特，并且能够让观众觉得赏心悦目，视频就能很容易上热门。

例如，"技术流"类的视频内容主要是通过让观众看到自己难以做到，甚至是没有见过的事情，从而引起他们内心的佩服之情。以视频特效这种"技术流"内容为例，普通的运营者可以直接使用抖音的各种"魔法道具"和控制拍摄速度的快慢等功能，实现一些简单的特效；对于较为专业的运营者来说，则可以使用剪映、Adobe Photoshop、Adobe After Effects 等软件实现各种酷炫特效。

与一般的内容不同，才艺技能类的短视频能让一些观众觉得像是一个"新大陆"，因为他们此前从未见过，所以会觉得特别新奇。如果观众觉得短视频中的技能在日常生活中用得上，就会收藏和转发。

8.1.5 带来深刻感受

"无法言喻"的内容类型是指难以用图文描述的短视频内容，如优美的自然风光，或者生活中的精彩瞬间，这些都能够带给观众深刻的感受。

例如，风光类短视频是很多 vlog 类创作者喜欢拍摄的题材，如图 8-3 所示。观众通常利用碎片时间"刷"短视频，因此运营者需要在视频的前几秒钟就将风光的亮点展现出来，同时整个视频的时长不宜过长。

图 8-3

　　需要注意的是，对风光类短视频的后期处理是必不可少的，还需要搭配应景的背景音乐。同时，运营者在发布风光类短视频时，可以稍微展示一下文采，给短视频加上一句能够触动人心的文案或相关话题，和粉丝产生共鸣，从而让短视频更具话题性，这样产生爆款的概率更大。

　　总而言之，"无法言喻"的内容需要使用"观赏性＋稀缺性＋声音与文案"的组合，才能让观众产生无法言喻的喜欢，才能获得更高的曝光量。

8.1.6　引起情感共鸣

　　情感共鸣类的短视频内容主要是将情感文字录制成语音，然后搭配相关的视频背景，渲染情感氛围。例如，抖音号"一禅小和尚"输出的内容主要以"心灵鸡汤""情感语录"为主，是典型的"情感号"，其粉丝量达到了 4000 多万，获赞量更是达到了 3 亿，其发布的短视频内容如图 8-4 所示。

图 8-4

　　情感共鸣类的短视频内容引流效果特别好，犀利的文案内容更能引起观众的心灵共鸣，甚至认同运营者的价值观。运营者也可以采用一些更专业的形式，如拍摄情感类的剧情故事，这样更具有感染力。当然，对于剧情类的情感视频内容来说，以下两个条件是必不可缺的。

✤ 优质的场景布置。

✤ 专业的拍摄和剪辑技能。

另外，对情感类视频的声音处理也非常重要，运营者可以找专业的录音公司协助转录，让观众沉浸于情境之中，产生更强的共鸣感。

8.2 了解创意玩法

有了账号定位，有了拍摄对象，有了内容风格后，我们似乎还缺点儿什么。此时，你只要在短视频中加入一点点创意玩法，这个作品离火爆就不远了。本节笔者为大家总结了一些短视频常用的热点创意玩法，帮助大家快速打造爆款短视频。

8.2.1 进行"热梗"演绎

短视频的灵感来源，除了靠运营者自身的创意想法，也可以多收集一些"热梗"，这些"热梗"通常自带流量和话题属性，能够吸引大量观众的点赞。

运营者可以将短视频的点赞量、评论量、转发量作为筛选依据，找到并收藏抖音平台上的热门视频，然后进行模仿、跟拍和创新，打造出自己的优质短视频作品。

同时，运营者也可以在自己的日常生活中寻找这种创意搞笑短视频的"热梗"，然后采用夸大化的创新方式将这些日常细节演绎出来。另外，在策划"热梗"内容时，运营者还需要注意以下事项。

（1）短视频的拍摄门槛低，运营者的发挥空间大。

（2）剧情内容有创意，能够紧扣观众的生活。

（3）多看网络上的重大事件，不错过任何网络热点。

8.2.2 制作影视混剪

在抖音平台常常可以看到各种影视混剪的短视频作品，这种内容创作形式相对简单，只要掌握剪辑软件的基本操作即可。影视混剪短视频的主要内容形式为剪辑电影、电视剧或综艺节目中的主要剧情桥段，同时加上语速轻快、幽默诙谐的配音解说。

这种内容形式的主要难点在于运营者要在短时间内将影视内容完整地讲出来，这需要运营者具有极强的文案策划能力，能让观众快速了解各种影视情节。影视混剪类短视频的制作技巧如图8-5所示。

找关键片段	反复认真观看电影，找出电影中的精彩镜头和情节
找观众需求	参考同类账号的评论内容，找出观众感兴趣的地方
保证内容完整	内容紧凑，环环相扣，让观众有欲望持续看完视频
优化视频画面	画面连贯，抓人眼球，设计具有视觉冲击力的画面布局
描述电影内容	根据电影情节梳理时间线，策划出精炼的视频文案
提供实用价值	文案内容的干货多、价值高，可解决观众的痛点
录制旁白配音	后期配音时要打造独特的嗓音，增加自己的辨识度
声音衬托气氛	声音不能过于平顺，要跟随电影的情节有跌宕起伏
添加字幕说明	配音一定要附带字幕，便于观众更好地理解影视的内容

图 8-5

当然，对于影视混剪类的短视频，运营者还需要注意两个问题。首先，要避免内容侵权，可以找一些不需要版权的素材，或者购买有版权的素材；其次，为了避免内容重复度过高，可以采用一些消重技巧，如抽帧、转场和添加贴纸等。

8.2.3　分享游戏内容

游戏类短视频是非常火爆的，在制作这种类型的短视频时，运营者必须掌握游戏录屏的操作方法。

大部分的智能手机自带了录屏功能，快捷键通常为长按电源键＋

音量键开始，按电源键结束，大家可以尝试或者上网查询自己手机型号对应的录屏方法。打开游戏后，按下录屏快捷键即可开始录制画面，如图 8-6 所示。

图 8-6

对于没有录屏功能的手机来说，也可以去手机应用商店搜索并下载一些录屏软件。另外，利用剪映 App 的"画中画"功能，可以轻松合成游戏录屏界面和主播真人出镜的画面，制作更加生动的游戏类短视频作品。

8.2.4　分享知识技能

在短视频时代，我们可以非常方便地将自己掌握的知识录制成课程教学的短视频，然后通过短视频平台传播并售卖给观众，从而帮助运营者获得不错的收益和知名度。

> **特别提醒**　如果运营者要通过短视频开展在线教学服务，首先得在某一领域比较有实力和影响力，这样才能确保教给付费者的内容是有价值的。另外，对于课程教学类短视频来说，操作部分相当重要，运营者可以根据点击量、阅读量和粉丝咨询量等数据，精心挑选一些热门、高频的实用案例。

下面笔者总结了一些创作知识技能类短视频的相关技巧，如图 8-7 所示。

深挖痛点内容	→	以传授技巧、方法、知识为主，满足观众的各种刚需
专业知识技能	→	深挖垂直领域的知识、经验，体现短视频内容的专业性
优势资源分享	→	发挥自身优势，如人脉、行业或者其他本地化的资源
提供解决方案	→	在短视频中先提出问题，然后分析解决问题的方法
答案经过验证	→	提出的解决方法必须是经过验证的、真实有用的方法
帮助观众吸收	→	能够清楚明了地还原解决问题的过程，促使观众学习
场景干净整洁	→	拍摄场景要干净、整洁、美观，让观众赏心悦目

图 8-7

8.2.5　借助节日热点

各种节日向来都是营销的旺季，运营者在制作短视频时，也可以借助节日热点进行内容创新，提高作品的曝光量。

运营者可以从拍摄场景、服装及角色造型等方面入手，在短视频中打造节日氛围，引起观众共鸣，相关技巧如图 8-8 所示。

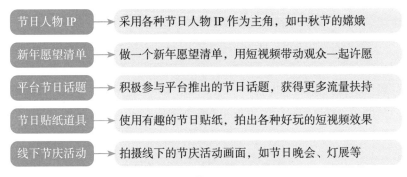

节日人物 IP	→	采用各种节日人物 IP 作为主角，如中秋节的嫦娥
新年愿望清单	→	做一个新年愿望清单，用短视频带动观众一起许愿
平台节日话题	→	积极参与平台推出的节日话题，获得更多流量扶持
节日贴纸道具	→	使用有趣的节日贴纸，拍出各种好玩的短视频效果
线下节庆活动	→	拍摄线下的节庆活动画面，如节日晚会、灯展等

图 8-8

剪映 App 上就有很多与节日相关的贴纸和道具，这些贴纸和道具是实时更新的，运营者在后期剪辑短视频的时候不妨添加一些节日贴纸，说不定能够为你的作品带来更多人气，如图 8-9 所示。

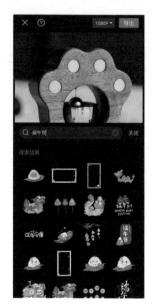

图 8-9

8.2.6 添加热门话题

在模仿跟拍爆款内容时，如果运营者一时找不到合适的爆款来模仿，此时添加热门话题就是一个不错的方法。在抖音的短视频信息流中可以看到，几乎所有的短视频都添加了话题。

为视频添加话题，其实就等于为内容打上标签，让平台快速了解这个内容属于哪个标签。不过，运营者在添加话题时，注意要添加同领域的话题，这样可以"蹭"到这个话题的流量。也就是说，话题可以帮助平台精准定位运营者发布的短视频内容。通常情况下，一个短视频的话题为 3 个左右，具体应用规则如图 8-10 所示。

短视频话题的应用规则

第 1 个话题：写一个所属领域的话题

第 2 个话题：写一个与内容相关的话题

第 3 个话题：写一个当下热门的话题

图 8-10

第9章
"种草"视频：
增加商品销量

　　"种草"是网络流行语，表示分享某一商品的优秀品质，从而激发他人购买欲望的行为。如今，随着短视频带货的不断发展，带货能力更好的"种草"视频也在抖音平台流行起来。本章主要介绍"种草"视频的策划和制作技巧。

9.1 走进"种草"视频

如今，短视频凭借其高效曝光、快速涨粉和有效变现等优势，已经成为新的流量红利阵地。而且，在短视频中出现了很多种草视频，它们借助短视频的优势为电商产品提供更多的流量和销量。

9.1.1 了解电商短视频

电商短视频主要包括商品"种草"型、直播预热型和娱乐营销型3种，不同类型的电商短视频其内容定位也有所差异，如图9-1所示。

商品"种草"型	主要分为产品口播和产品展示两种表现形式，以突出产品价值和卖点为主，对用户进行导流
直播预热型	包括直播筹备、花絮预告、剧情植入、直播预告、真人出镜及口播预告等表现形式，主要用于为直播间带货导流
娱乐营销型	包括剧情搞笑、知识讲解、才艺展示、创业故事、商品测评等表现形式，将剧情的发展与产品营销进行无缝衔接，观众在沉浸于剧情的同时自然而然地记住了其中的广告信息

图 9-1

9.1.2 视频主要优势

相对于图文内容来说，短视频可以使商品"种草"的效率大幅提升。因此，"种草"视频有着得天独厚的带货优势，可以让用户的购物欲望变得更加强烈，其主要优势如图9-2所示。

"种草"视频的主要优势	能够将商品的颜值、品质等卖点直观地展示出来
	立竿见影地展现商品使用效果，产生最直接的诱惑
	通过用户的真实反馈，真切地传递商品的使用感受

图 9-2

9.1.3　视频类型介绍

　　"种草"视频不仅可以告诉潜在用户商品有哪些优点，还可以快速建立信任关系。"种草"视频的带货优势非常明显，其基本类型如图 9-3 所示。

混剪解说类	通过收集同行业账号的视频素材，或者其他种草平台的相关图片和文案进行混剪，并重新配音和加字幕，进行二次创作，能够快速、低成本地产出大量带货视频，但存在版权风险
商品展示类	纯粹地在视频中展示商品，没有真人出镜和口播，但注意拍摄环境要干净整洁，光线要明亮，同时视频能够呈现商品的最大亮点和使用效果的前后对比，还要选用热门背景音乐
口播视频类	在视频中展示商品的同时加上真人口播，真人不用出镜，通过带货话术打动消费者
线下带货类	对于拥有线下实体店铺、企业或工厂的商家来说，可以将这些线下场景作为视频的拍摄背景，在视频中展示商品的生产环境或制作过程，能够体现商家的备货、供货能力

图 9-3

　　图 9-4 所示是一个线下带货类"种草"视频，视频中通过将商品的加工车间作为视频拍摄背景，能够将商品的原始面貌展现给消费者，画面显得更真实。

图 9-4

9.1.4 视频打造技巧

任何事物的火爆都需要借助外力，而爆品的锻造升级也是如此。在这个商品繁多、信息爆炸的时代，如何引爆商品是每一个运营者都值得思考的问题。从"种草"视频的角度来看，打造爆款"种草"视频需要做到以下几点，如图 9-5 所示。

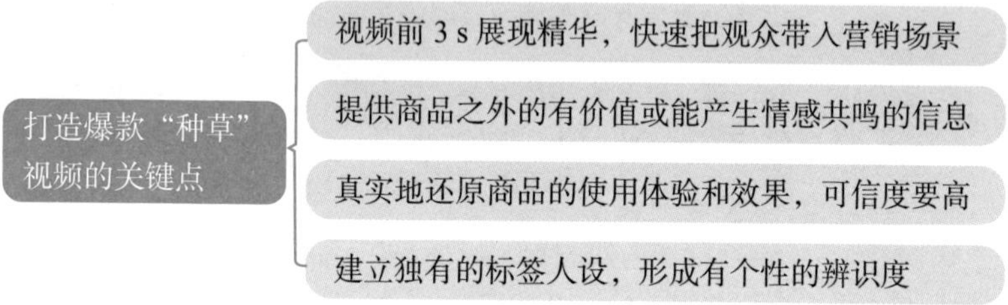

图 9-5

9.2 视频注意事项

商家或运营者在制作"种草"视频时，对于内容的拍摄和策划一定要满足抖音平台规则，否则可能会影响视频的流量，甚至还有可能被平台删除或封号。本节介绍抖音平台中一些常见的视频问题和相关视频要求。

9.2.1 格式低质问题

格式低质问题最明显的表现就是视频的画面非常模糊，无法看清其中的内容，这种视频是无法通过平台审核的。下面还列出了一些其他的格式低质问题，运营者在拍摄和制作视频的过程中要注意规避。

❀ 视频带有明显的水印，影响观众的观看。

❀ 视频画面被严重裁剪，导致画面不完整。

❀ 视频的边框部分过大，而主体内容面积太小，不到整体画面比例的 1/3。

❖　视频画面出现倾斜、变形、拉伸及挤压等问题。

❖　视频是直接对着屏幕拍的，或由简单的图片组成。

❖　视频中的空白屏、黑屏内容大于 10 s。

❖　视频杂音过大，或者长时间没有声音。

❖　对视频进行了过度的变速或变声处理，无法听清其中的内容。

9.2.2　内容质量问题

内容质量出现问题，或者内容毫无价值是很难通过平台审核的，即便通过审核，由于视频的内容不过关，也很难吸引用户关注。具体的内容质量问题如下。

❖　视频内容是随意拍的画面，没有主题和信息增量。

❖　视频内容是搞笑、颜值、情景剧等纯娱乐内容，缺乏信息价值。

❖　视频画面全程静止或纯粹的挂机内容，无独特观点。

❖　视频内容中的信息过于陈旧，发布时效过期太久。

9.2.3　纯商业广告

对于"种草"视频，尽量不要直接使用商品主图视频，或者将纯商业广告作为"种草"视频发布，相关问题如下。

❖　视频内容为商业广告，如商品详情视频或广告宣传片等。

❖　视频为单纯的商品展示，无信息增量。

❖　广告内容夸张、虚假，如有医疗风险的广告内容。

❖　视频中存在微信、手机号或第三方网址链接等信息。

❖　视频中存在时间过长的剧情广告，且时长过半。

❖　引导下单的话语以字幕、口播等形式多次出现，例如，视频中一直出现"点击下方链接购买"的字样。

9.2.4　视频封面标准

对于"种草"视频的封面要择优选择，同时不能出现上述低质内容，并确保封面图片清晰美观，能够看清其中的人脸、画面细节和内容重点等，相关示例如图 9-6 所示。另外，封面不能采用纯色的图片，或者随意截取视频中的某一帧，必须能够展现一定的内容信息。

由于抖音 App 的界面尺寸是 9∶16，因此"种草"视频的封面尺寸最好为 9∶16，这样能最大程度地让用户看清封面的细节，也能避免画面显得太空旷。

另外，视频标题要尽量控制在 20 个字以内，不做"封面党""标题党"。同时，封面文案的配字大小和颜色都要合适，必须让人能够看清楚，同时不能出现错误标点、错别字等情况，相关示例如图9-7所示。

图 9-6

图 9-7

运营者可以在视频剪辑过程中设置封面，也可以使用图片处理软件单独制作封面图片，再将其添加到视频的起始位置。

9.2.5　内容和画质要求

"种草"视频可以将日常生活作为创作方向，包含但不限于这几类：穿搭美妆、生活技巧、美食教学、健康知识、家居布置及购买攻略等，如图 9-8 所示。

图 9-8

"种草"视频的声音和画质都必须清晰，最好有字幕，同时无违规、虚假、站外引流、不当言论及恶心恐怖等内容。"种草"视频的内容要有意义、有价值，不能是纯搞笑、纯娱乐、纯音乐或监控录像等内容。

9.3　视频制作技巧

很多视频创作者最终都会走向带货卖货这条商业变现之路，"种草"视频能够为商品带来大量的流量转化，同时让创作者获得丰厚的收入。本节将介绍"种草"视频的相关制作技巧，帮助创作者快速提升视频的流量和转化率。

9.3.1　做好人设定位

在你准备进入"种草"视频领域，开始注册账号之前，首先一定要对自己进行定位，对要拍摄的视频内容进行定位，并根据这个定位策划和拍摄视频内容，这样才能快速形成独特鲜明的人设标签。

创作者要想成功带货，还需要通过"种草"视频打造主角人设魅力，让大家记住你、相信你，相关技巧如图 9-9 所示。

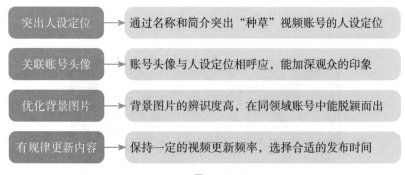

突出人设定位	通过名称和简介突出"种草"视频账号的人设定位
关联账号头像	账号头像与人设定位相呼应，能加深观众的印象
优化背景图片	背景图片的辨识度高，在同领域账号中能脱颖而出
有规律更新内容	保持一定的视频更新频率，选择合适的发布时间

图 9-9

　　只有做好"种草"视频的账号定位，我们才能在观众心中形成某种特定的标签和印象。标签指的是短视频平台给用户的账号进行分类的指标依据，平台会根据用户发布的视频内容，给用户打上对应的标签，然后将用户的内容推荐给对这类标签作品感兴趣的观众。通过这种个性化的流量机制，不仅能提升拍摄者的积极性，而且还增强了观众的用户体验。

　　例如，某个平台上有 100 位用户，其中有 50 位用户都对美食感兴趣，但还有 50 位用户不喜欢美食类的短视频。此时，如果你的账号是以拍美食为主题的，却没有做好账号定位，平台没有给你的账号打上"美食"这个标签，那么系统会随机将你的视频推荐给平台上的所有用户。在这种情况下，你的视频被用户点赞和关注的概率就只有 50%，而且由于点赞率过低，系统会认为视频内容不够优质，便不再给你推荐流量。

　　相反，如果你的账号被平台打上了"美食"的标签，此时系统不再随机推荐流量，而是精准推荐给喜欢看美食内容的那 50 位用户。这样，你的视频获得点赞和关注的比例就会非常高，从而获得系统给予的更多推荐流量，让更多人看到你的作品，并喜欢上你的内容。因此，对于"种草"视频的创作者来说，账号定位非常重要。下面笔者总结了一些账号定位的相关技巧，如图 9-10 所示。

细分垂直领域	→	深挖垂直细分领域，打造垂直度高的视频内容
注重内容质量	→	提高内容的质量，给用户带来更好的体验
不要盲目模仿	→	不盲目跟风拍摄视频，要结合自己的定位特点
人群画像分析	→	找出目标用户，将视频内容与人群画像相结合
做个性化的内容	→	细分视频的主题，打造有差异性的个性化内容
统一账号风格	→	确定好拍摄风格，并坚持使用统一的表达方式

图 9-10

 以抖音短视频平台为例，某个视频作品连续获得系统的 8 次推荐后，该作品就会获得一个新的标签，从而得到更加长久的流量扶持。

9.3.2 巧妙引出商品

在"种草"视频的场景或情节中引出商品，这是非常关键的一步，这种软植入方式能够让营销和内容完美融合，让人印象颇深，相关技巧如图 9-11 所示。

满足用户需求	→	通过商品功能解决用户痛点，让商品植入不突兀
当作剧情道具	→	将商品作为有趣道具展现出来，形成创意带货效果
融入拍摄场景	→	选择实体店场景拍摄，有利于给线下店铺引流带货
显眼位置摆放	→	浅度植入商品，将其放置在视频画面中较显著的位置

图 9-11

简单而言，归纳当前"种草"视频的商品植入形式，大致包括台词表述、剧情题材、特写镜头、场景道具、情节捆绑，以及角色名称、文化植入、服装提供等，手段很多，不一而足，创作者可以根据自己的需要选择合适的植入方式。

9.3.3　突出商品功能

　　每个商品都有其独特的质感和表面细节，创作者可以在拍摄的"种草"视频中表现出这种质感细节，增强商品的吸引力。同时，在视频中展现商品时，创作者可以从功能用途方面找突破口，展示商品的神奇用法，如图 9-12 所示。

图 9-12

　　"种草"视频中的商品一定要真实，必须符合用户的视觉习惯，最好拍摄真人试用的场景，这样更有真实感，可以增加用户对你的信任度。除了简单地展示商品本身的"神奇"功能，运营者还可以"放大商品优势"，即在已有的商品功能上进行创意表现。

9.3.4　掌握标题技巧

　　对于"种草"视频的标题来说，其作用是让用户能搜索到、能点击，最终进入店铺下单成交。标题优化的目的是获得更高的搜索排名、更好的客户体验、更多的免费有效点击量。

在设计"种草"视频的文案内容时，标题决定了你的视频是否给出了让用户点击的理由。切忌把所有卖点都罗列在视频标题上，记住写好标题的唯一目的是让用户直接点击。下面给大家总结一下写好"种草"视频标题要注意的几个关键点。

- ✤　你要写给谁看——用户定位。
- ✤　他的需求是什么——用户痛点。
- ✤　他的顾虑是什么——打破疑虑。
- ✤　你想让他看什么——展示卖点。
- ✤　你想让他做什么——吸引点击。

　　创作者不仅要紧抓用户需求，而且要用精炼的文案提升标题的点击率，切忌絮絮叨叨，毫无规律地罗列、堆砌相关卖点。

9.3.5　踩中用户痛点

　　"种草"视频的文案相当重要，只有踩中用户痛点的文案才能吸引他们购买视频中的产品。创作者可以多参考抖音平台中的同款商品视频，找到一些与自己要带货的商品特点相匹配的文案，这样能够提升创作效率。

　　图 9-13 所示就是一个文案踩中用户痛点的视频案例。有燃气灶卫生清洁烦恼的用户看到视频中"台面卫生清洁起来也方便了许多"的文案会觉得这个保护罩可以解决自己的问题，从而想购买视频中的同款商品。

图 9-13

03 电脑剪辑篇

Chapter 10

第10章
视频剪辑：
剪出专业视频

如今，视频剪辑工具越来越多，功能也越来越强大。其中，剪映专业版（电脑版）是抖音推出的一款视频剪辑软件，拥有全面的剪辑功能。本章将以剪映为例，介绍商品视频的基本剪辑技巧，帮助运营者快速做出优质的视频效果。

10.1 进行剪辑处理

剪映专业版不仅功能强大，而且操作简单，非专业运营者也能用它轻松制作商品视频。本节主要介绍在剪映中裁剪视频尺寸、删除多余片段、替换视频素材、变速处理视频和设置导出参数的操作方法。

10.1.1 裁剪视频尺寸：《系带裙》

【效果展示】：运营者可以对商品视频的尺寸进行调整和裁剪，以获得不同尺寸的视频效果，如将横屏视频裁剪为竖屏视频，效果如图 10-1 所示。

扫码看案例效果　扫码看教学视频

图 10-1

下面介绍在剪映中裁剪视频尺寸的操作方法。

Step 01 打开剪映专业版，在主界面单击"开始创作"按钮，如图 10-2 所示。

图 10-2

Step 02 执行操作后，进入视频剪辑界面，在"媒体"功能区单击"导入"按钮，如图 10-3 所示。

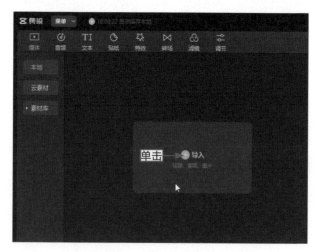

图 10-3

Step 03 执行操作后，弹出"请选择媒体资源"对话框，❶选择视频文件；❷单击"打开"按钮，如图 10-4 所示，即可将其导入"本地"选项卡中。

图 10-4

Step 04 在"本地"选项卡中单击视频素材缩略图右下角的"添加到轨道"按钮▦，如图 10-5 所示，即可将其添加到视频轨道中。

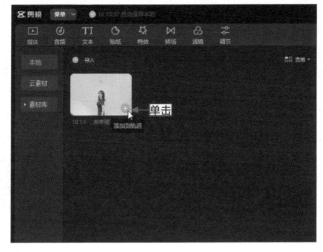

图 10-5

Step 05 单击"裁剪"按钮▦，如图 10-6 所示。

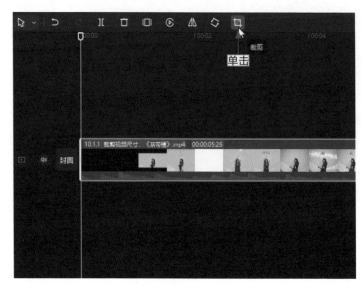

图 10-6

Step 06 执行操作后，弹出"裁剪"对话框，在"裁剪比例"列表框中选择"9∶16"选项，如图 10-7 所示。

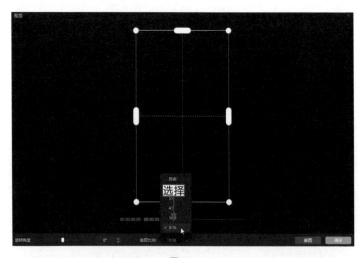

图 10-7

Step 07 执行操作后，即可完成画面裁剪，单击"确定"按钮，单击"播放器"窗口中的"适应"按钮，如图 10-8 所示。

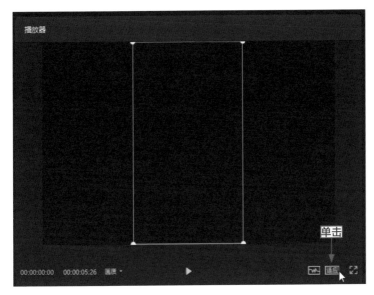

图 10-8

Step 08 在弹出的列表框中选择"9：16（抖音）"选项，如图 10-9 所示，即可调整视频的画布尺寸。

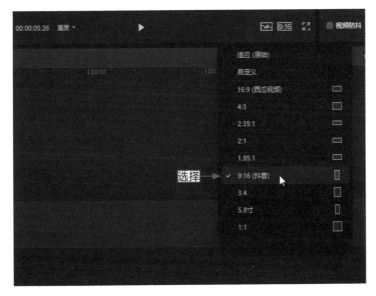

图 10-9

10.1.2 删除多余片段：《小鸟收纳罐》

【效果展示】：运营者拍好视频素材后，可以使用剪映的"分割"和"删除"功能，剪掉多余的画面，效果如图 10-10 所示。

扫码看案例效果　扫码看教学视频

图 10-10

下面介绍在剪映中删除多余片段的操作方法。

Step 01 在"本地"选项卡中导入一个视频素材，将其添加到视频轨道，如图 10-11 所示。

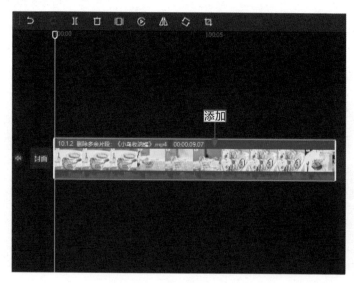

图 10-11

Step 02 ❶拖曳时间指示器至 00:00:07:00 的位置；❷单击"分割"按钮 ，如图 10-12 所示，即可分割素材。

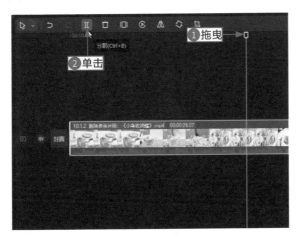

图 10-12

<table>
<tr><td rowspan="2">特别
提醒</td><td>运营者在拖曳时间指示器时，可能难以准确地拖曳至想要的时间点，此时可以通过放大轨道的方法，将素材的可视长度拉长，从而更精准地将时间指示器拖曳至相应位置。
如需放大轨道，运营者可以在时间线面板的右上方向右拖曳缩放滑块，或者单击"时间线放大"按钮 。</td></tr>
</table>

Step 03 单击"删除"按钮 ，即可删除多余的视频片段，效果如图 10-13 所示。

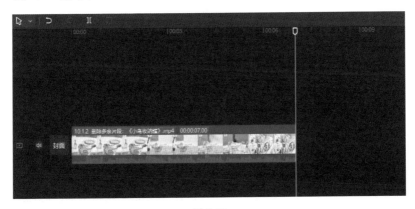

图 10-13

10.1.3 替换视频素材：《手提包》

【效果展示】：使用"替换片段"功能，能够快速替换视频轨道中不合适的视频素材，避免重新导入素材的麻烦，效果如图 10-14 所示。

扫码看案例效果　　扫码看教学视频

图 10-14

　　下面介绍在剪映中替换视频素材的操作方法。

Step 01 在"本地"选项卡中导入两段视频素材，并将它们添加到视频轨道，❶选择第 2 段视频素材，单击鼠标右键；❷在弹出的快捷菜单中选择"替换片段"选项，如图 10-15 所示。

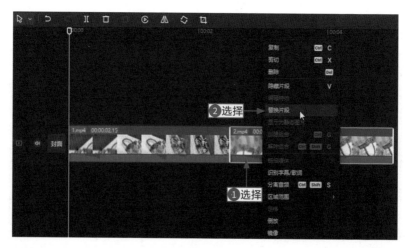

图 10-15

Step 02 执行操作后，弹出"请选择媒体资源"对话框，❶选择要替换
的素材；❷单击"打开"按钮，如图 10-16 所示。

Step 03 执行操作后，弹出"替换"对话框，确认无误后单击"替换片段"
按钮，如图 10-17 所示，即可替换视频轨道中的素材。

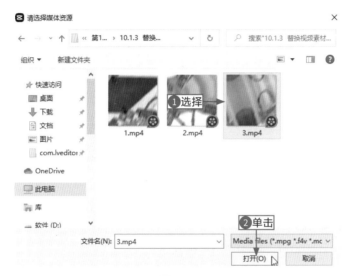

图 10-16

图 10-17

10.1.4 视频变速处理：《DIY 小屋》

【效果展示】：使用"变速"功能可以改变视频的播放速度，让画面更有动感；也可以改变视频的播放时长，提升用户的观看体验，效果如图 10-18 所示。

扫码看案例效果　扫码看教学视频

图 10-18

下面介绍在剪映中进行视频变速处理的操作方法。

Step 01 在"本地"选项卡中导入一段视频素材，并将其添加到视频轨道，然后选择添加的素材，如图 10-19 所示。

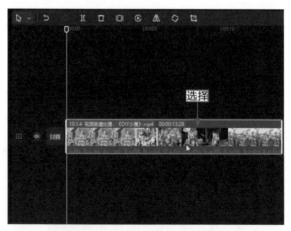

图 10-19

Step 02 ❶单击"变速"按钮，切换至"变速"操作区；❷在"常规变速"选项卡中拖曳"倍数"滑块，设置参数为 2.0 x，即可加快整段视频的播放速度；❸开启"声音变调"功能，如图 10-20 所示，让加速后的视频音乐更协调。

图 10-20

特别提醒　运营者可以通过拖曳滑块的方式设置变速"倍数"参数，但如果要设置的"倍数"参数不是整数或者鼠标灵敏度不高，运营者还可以在"倍数"右侧的文本框中输入参数值完成设置。而且，除了设置变速"倍数"参数，在操作区设置任意参数时，只要该参数右侧有文本框，都可以用这种方式进行设置。

10.1.5　设置导出参数：《悬浮永生花》

【效果展示】：运营者要想获得高清的视频效果，除了要尽可能保证素材的清晰度，在导出时也要设置参数，案例效果如图 10-21 所示。

扫码看案例效果　扫码看教学视频

图 10-21

下面介绍在剪映中设置导出参数的操作方法。

Step 01 在"本地"选项卡中导入一段视频素材，将其添加到视频轨道，如图 10-22 所示。

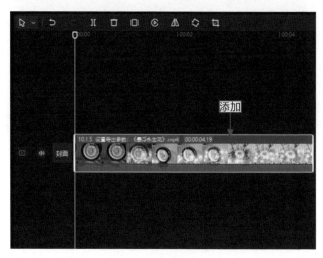

图 10-22

Step 02 如果运营者想获得更高画质的视频，需要在导出时对一些参数进行设置，可以在界面中单击右上角的"导出"按钮，如图 10-23 所示。

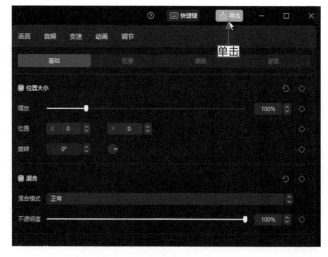

图 10-23

Step 03 执行操作后，弹出"导出"对话框，❶修改作品名称；❷单击"导出至"右侧的■按钮，如图 10-24 所示。

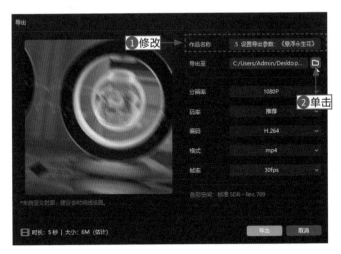

图 10-24

Step 04 执行操作后，弹出"请选择导出路径"对话框，❶选择要将视频导出的文件夹；❷单击"选择文件夹"按钮，如图 10-25 所示，即可修改文件的导出路径。

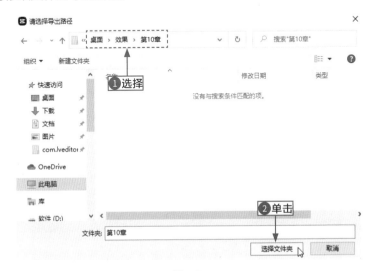

图 10-25

Step 05 在"分辨率"列表框中选择 4 K 选项，如图 10-26 所示。

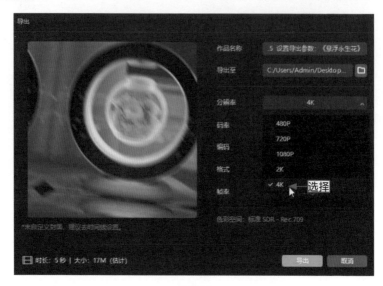

图 10-26

Step 06 在"码率"列表框中选择"更高"选项，如图 10-27 所示。

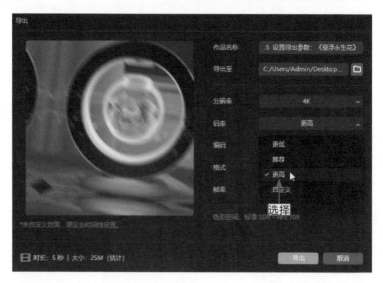

图 10-27

Step 07 在"帧率"列表框中选择 60 fps 选项，如图 10-28 所示。

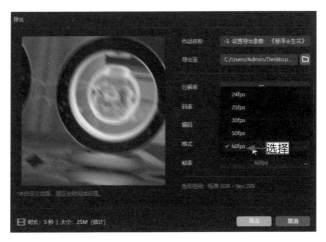

图 10-28

Step 08 单击"导出"按钮，如图 10-29 所示，即可开始导出视频。导出完成后，运营者可以单击"打开文件夹"按钮，查看导出的视频；也可以单击"关闭"按钮，关闭"导出"对话框，完成所有操作。

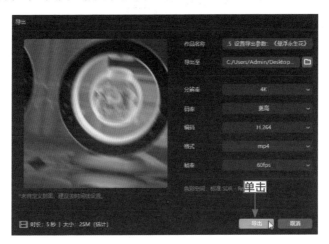

图 10-29

特别提醒 运营者在设置导出参数时，除了要考虑导出视频的画质，还要考虑导出视频的占用空间。一般来说，设置的参数越高，导出视频的画质就越高清，但占用空间就越大，运营者要综合考虑，尽量导出画质较高且占用空间合理的视频。

10.2　制作音频效果

　　视频是声画结合、视听兼备的，因此音频是视频中非常重要的元素，选择好的背景音乐或者音效，能够增强视频的吸引力，甚至还能将产品卖点更好地传递给消费者。

10.2.1　添加背景音乐：《翻页时钟》

【效果展示】：剪映具有非常丰富的背景音乐曲库，还可以让运营者为视频添加在抖音中收藏的音乐，本案例的画面效果如图 10-30 所示。

扫码看案例效果　　扫码看教学视频

图 10-30

　　下面介绍在剪映中添加背景音乐的操作方法。

Step 01 在剪映中导入一段视频素材，并将其添加到视频轨道中，❶单击"音频"按钮，切换至"音频"功能区；❷切换至"抖音收藏"选项卡；❸单击"抖音登录"按钮，如图 10-31 所示。

Step 02 在弹出的"登录"对话框中根据提示完成登录，即可查看在抖音中收藏的歌曲，单击歌曲右下角的"添加到轨道"按钮，如图 10-32 所示，即可将选择的音乐添加到音频轨道中。

图 10-31

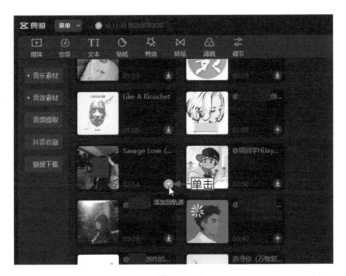

图 10-32

Step 03 ①拖曳时间指示器至视频结束位置；②单击"分割"按钮 ，
如图 10-33 所示。

Step 04 执行操作后，即可分割出多余的音频片段，单击"删除"按钮
，如图 10-34 所示。

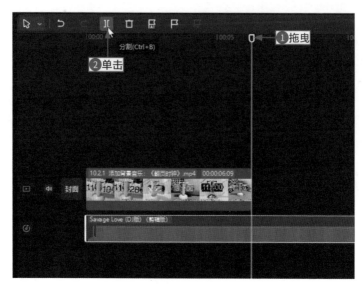

图 10-33

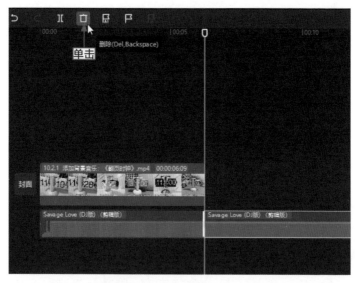

图 10-34

特别提醒	如果添加的音频时长比较短，运营者也可以通过拖曳音频两侧白色拉杆调整音频的时长。

10.2.2　添加商品音效：《风铃》

【效果展示】：剪映提供了很多有趣的音效，运营者可以根据商品视频的情境添加音效，添加音效可以让画面更有感染力，本案例的画面效果如图 10-35 所示。

扫码看案例效果　　扫码看教学视频

图 10-35

　　下面介绍在剪映中添加音效的操作方法。

Step 01 在"本地"选项卡中导入两段视频素材，❶全选视频素材；❷单击第 1 段视频素材右下角的"添加到轨道"按钮➕，如图 10-36 所示，即可将两段视频素材按顺序添加到视频轨道。

图 10-36

Step 02 拖曳时间指示器至第 2 段视频素材的起始位置，如图 10-37 所示。

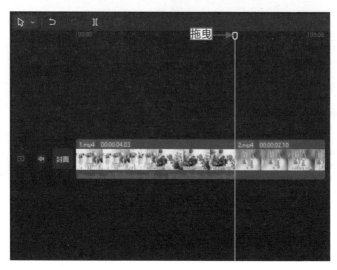

图 10-37

Step 03 ❶单击"音频"按钮，切换至"音频"功能区；❷展开"音效素材"选项卡；❸在搜索框中输入"风铃"，如图 10-38 所示，按 Enter 键即可进行搜索。

图 10-38

Step 04 ❶选择"清脆的风铃声"音效，即可进行试听；试听结束后，
❷单击音效右下角的"添加到轨道"按钮➕，如图 10-39 所示，即可
将其添加到音频轨道。

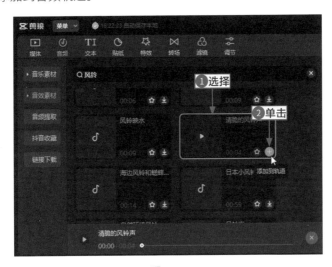

图 10-39

Step 05 ❶拖曳时间指示器至视频的结束位置；❷单击"分割"按钮Ⅱ，
如图 10-40 所示，即可分割多余的音效素材。

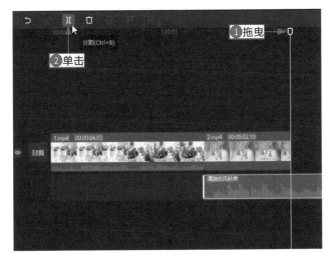

图 10-40

Step 06 单击"删除"按钮 **□**，如图 10-41 所示，删除多余的音效片段。

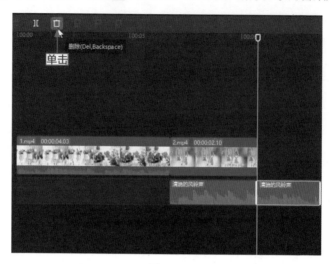

图 10-41

10.2.3 提取背景音乐：《U 型棒》

【效果展示】：运营者可以保存一些背景音乐好听的短视频，并通过剪映提取短视频中的背景音乐，将其用到自己的商品视频中，本案例的画面效果如图 10-42 所示。

扫码看案例效果　　扫码看教学视频

图 10-42

下面介绍在剪映中提取背景音乐的操作方法。

Step 01 在"本地"选项卡中导入一段视频素材，将其添加到视频轨道，如图 10-43 所示。

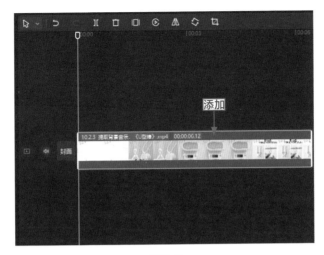

图 10-43

Step 02 ❶单击"音频"按钮，切换至"音频"功能区；❷切换至"音频提取"选项卡；❸单击"导入"按钮，如图 10-44 所示。

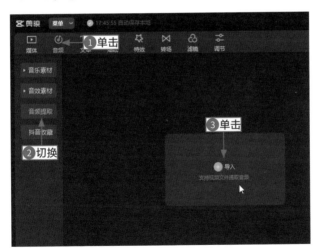

图 10-44

> **特别提醒**　在使用"音频提取"功能添加背景音乐前，运营者需要先将提取音乐的视频下载下来，如果运营者是在手机中下载的视频，还需要将下载的视频上传至计算机中，这样才能继续后面的操作。

Step 03 执行操作后，弹出"请选择媒体资源"对话框，❶选择要提取音乐的视频；❷单击"打开"按钮，如图 10-45 所示。

图 10-45

Step 04 执行操作后，即可将提取的音频导入"音频提取"选项卡中，单击音频右下角的"添加到轨道"按钮，如图 10-46 所示，即可将其添加到音频轨道。

图 10-46

10.2.4 添加淡入淡出效果：《纸雕灯》

【效果展示】：设置音频的淡入淡出效果后，可以让商品视频的背景音乐显得不那么突兀，给用户带来更加舒适的视听体验，本案例的画面效果如图 10-47 所示。

扫码看案例效果 扫码看教学视频

图 10-47

下面介绍在剪映中添加淡入淡出效果的操作方法。

Step 01 在"本地"选项卡中导入一段视频素材，将其添加到视频轨道，如图 10-48 所示。

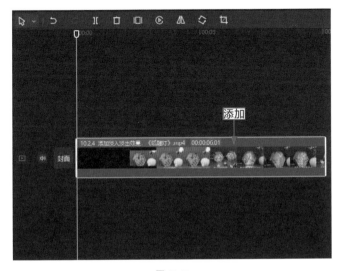

图 10-48

Step 02 ❶切换至"音频"功能区；❷在"音乐素材"选项卡的"收藏"选项区中，单击音乐右下角的"添加到轨道"按钮➕，如图 10-49 所示。

图 10-49

Step 03 执行操作后，即可为视频添加一段背景音乐，调整背景音乐的时长，使其与视频时长保持一致，如图 10-50 所示。

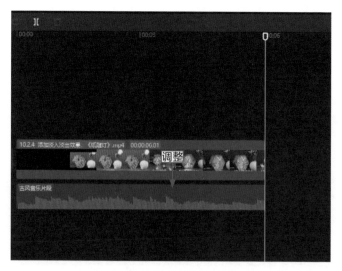

图 10-50

Step 04 选择添加的背景音乐，如图 10-51 所示。

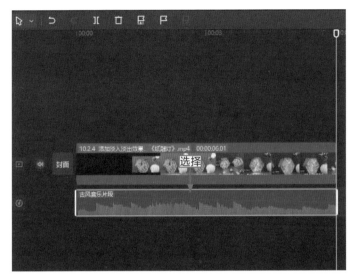

图 10-51

Step 05 在"音频"操作区拖曳"淡入时长"滑块，设置"淡入时长"
为 1.5 s，如图 10-52 所示。

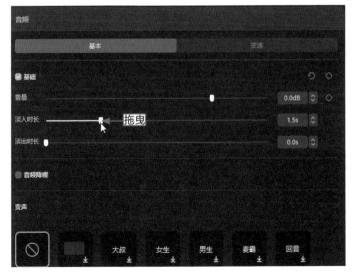

图 10-52

Step 06 用与上述操作相同的方法，拖曳"淡出时长"滑块，设置"淡出时长"为 1.0 s，如图 10-53 所示。

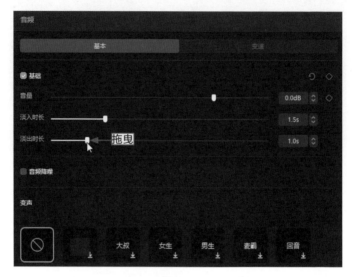

图 10-53

第11章
视频特效：
提高视觉效果

　　如今，用户的欣赏水平越来越高，喜欢追求更有创造性的商品。因此，在抖音平台，很多有创意特效的视频非常受大众的喜爱，轻轻松松就能收获百万点赞。本章将帮助运营者掌握提高视频视觉效果的操作技巧。

11.1 进行调色处理

运营者在后期对商品视频的色调进行处理时，不仅要突出画面主体，还需要表现出适合主题的艺术气息，实现完美的色调视觉效果。需要注意的是，对于商品主体的后期调色处理幅度不宜过大，要尽量将商品的颜色校准，恢复商品原本的色彩，确保真实。

11.1.1 调节视频画面的色彩：《陶瓷香插》

【效果展示】：剪映中常用的色彩处理工具包括"色温""色调""饱和度"，使用这些工具可以解决视频的色彩偏色问题，让画面富有生机。本案例调色前后的效果对比如图 11-1 所示。

扫码看案例效果　　扫码看教学视频

图 11-1

下面介绍在剪映中调节视频画面色彩的操作方法。

Step 01 在剪映中导入一段视频素材，将其添加到视频轨道，如图 11-2 所示。

Step 02 ❶单击"调节"按钮，即可切换至"调节"操作区；❷在"色彩"选项区中，拖曳"色温"滑块，将参数设置为 -14，如图 11-3 所示。

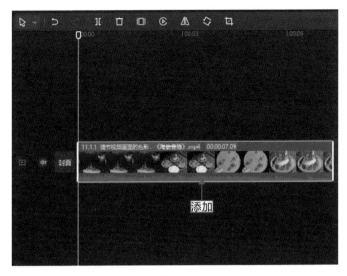

图 11-2

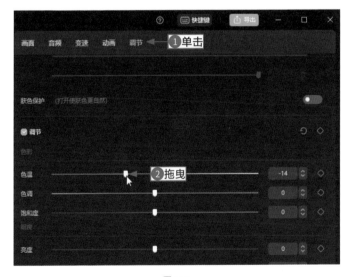

图 11-3

Step 03 拖曳 "色调" 滑块，将参数设置为 -11，如图 11-4 所示。

Step 04 拖曳 "饱和度" 滑块，将参数设置为 8，如图 11-5 所示。

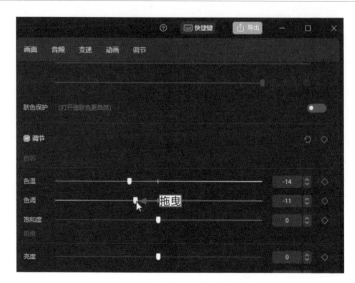

图 11-4

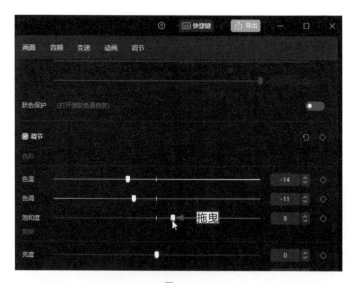

图 11-5

特别提醒	在本案例中，调节"色温"参数是为了让整体画面偏蓝一些，调节"色调"参数是为了给画面添加绿色，调节"饱和度"参数是为了让画面色彩更浓郁。

11.1.2　调节视频画面的明度：《纸巾架》

【效果展示】：剪映中常用的明度处理工具
包括"亮度""对比度""高光""阴影""光
感"，使用这些工具可以打造出充满魅力的
视频画面效果，本案例调色前后的效果对比
如图 11-6 所示。

扫码看案例效果　扫码看教学视频

图 11-6

　　下面介绍在剪映中调节视频画面明度的操作方法。

Step 01 在"本地"选项卡中导入一段视频素材，将其添加到视频轨道，
如图 11-7 所示。

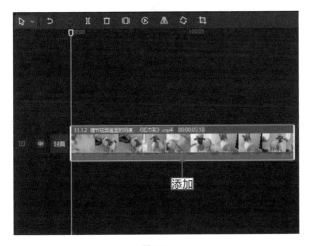

图 11-7

Step 02 ❶单击"调节"按钮，即可切换至"调节"操作区；❷在"明度"选项区中，拖曳"亮度"滑块，将参数设置为 4，如图 11-8 所示。

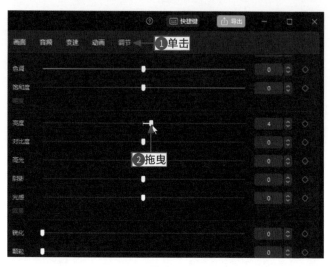

图 11-8

Step 03 拖曳"对比度"滑块，将参数设置为 10，如图 11-9 所示。

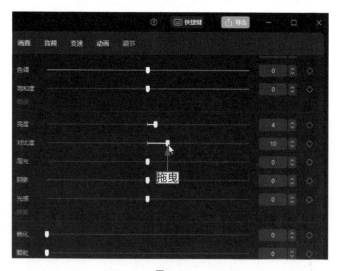

图 11-9

Step 04 拖曳"高光"滑块，将参数设置为 4，如图 11-10 所示。

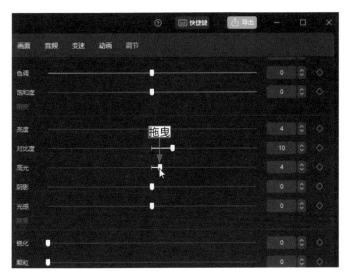

图 11-10

Step 05 拖曳"阴影"滑块，将参数设置为 8，如图 11-11 所示。

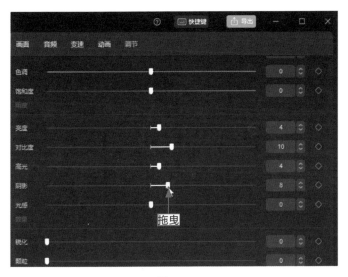

图 11-11

Step 06 拖曳"光感"滑块，将参数设置为 3，如图 11-12 所示。

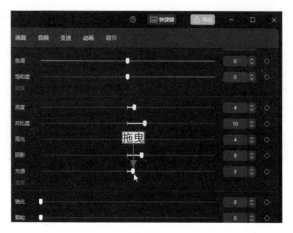

图 11-12

| 特别提醒 | 在本案例中，调节"亮度"参数是为了提高画面整体亮度，调节"对比度"参数是为了加强画面的明暗对比度，调节"高光"参数是为了提高画面中高光部分的亮度，调节"阴影"参数是为了让画面中的暗处变亮，调节"光感"参数是为了增加画面的光线亮度。 |

11.1.3 给视频添加滤镜效果：《扩香石》

【效果展示】：剪映拥有丰富的滤镜调色效果，可以快速改变视频画面的色调风格，让画面的色彩更加具有感染力。本案例调色前后的效果对比如图 11-13 所示。

扫码看案例效果　扫码看教学视频

图 11-13

下面介绍在剪映中为视频添加滤镜效果的操作方法。

Step 01 在"本地"选项卡中导入一段视频素材，将其添加到视频轨道，如图 11-14 所示。

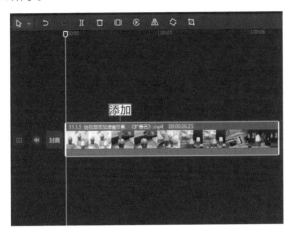

图 11-14

Step 02 ❶单击"滤镜"按钮，即可切换至"滤镜"功能区；❷切换至"基础"选项卡；❸单击"去灰"滤镜右下角的"添加到轨道"按钮➕，如图 11-15 所示，即可为视频添加一个"去灰"滤镜。

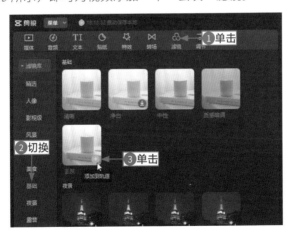

图 11-15

Step 03 拖曳滤镜右侧的白色拉杆，将其时长调整为与视频时长一致，如图 11-16 所示。

图 11-16

11.2 进行特效处理

一个火爆的商品视频依靠的不仅仅是拍摄和剪辑，适当地添加一些特效能为视频增添意想不到的效果。本节主要介绍剪映中自带的"转场""特效"和"动画"功能的使用方法，帮助运营者制作出各种精彩的商品视频。

11.2.1 添加转场效果：《苔藓景观盆》

【效果展示】多个素材组成的商品视频少不了转场，有特色的转场不仅能为视频增色，还能使镜头的过渡更加自然，本案例效果如图 11-17 所示。

扫码看案例效果　扫码看教学视频

图 11-17

下面介绍在剪映中添加转场效果的操作方法。

Step 01 在"本地"选项卡中导入 5 段视频素材，将它们按顺序依次导入视频轨道中，拖曳时间指示器至第 1 段视频的结束位置，如图 11-18 所示。

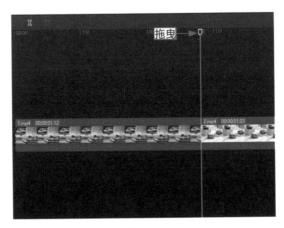

图 11-18

Step 02 ❶单击"转场"按钮，即可切换至"转场"功能区；❷在"基础转场"选项卡中单击"渐变擦除"转场特效右下角的"添加到轨道"按钮 ，如图 11-19 所示，即可在第 1 段和第 2 段素材中间添加一个转场效果。

图 11-19

Step 03 在右上角的"转场"操作区中，拖曳"时长"滑块，设置转场"时长"为 0.3 s，如图 11-20 所示。

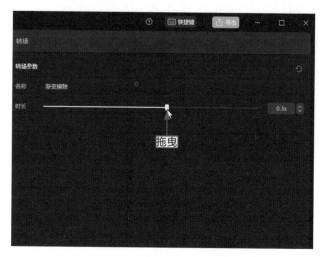

图 11-20

Step 04 拖曳时间指示器至第 2 段视频的结束位置，如图 11-21 所示。

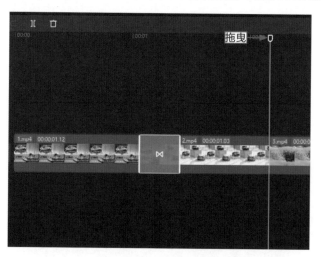

图 11-21

Step 05 ❶切换至"幻灯片"选项卡；❷单击"百叶窗"转场特效右下角的"添加到轨道"按钮，如图 11-22 所示。

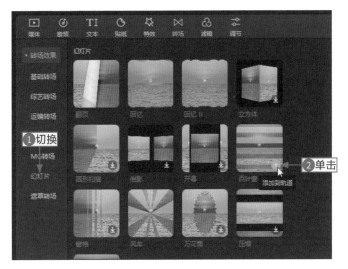

图 11-22

Step 06 调整"百叶窗"转场特效的"时长"为 0.3 s，如图 11-23 所示。

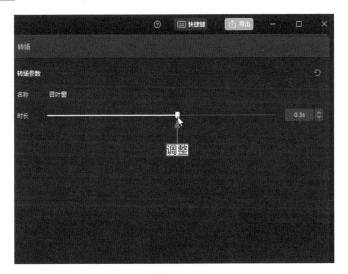

图 11-23

Step 07 用与上述操作相同的方法，在第 3 段和第 4 段素材中间添加一个"运镜转场"选项卡中的"拉远"转场效果，并调整其转场"时长"为 0.3 s，如图 11-24 所示。

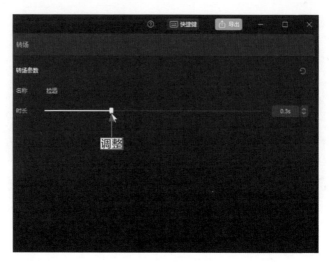

图 11-24

Step 08 用与上述操作相同的方法，在第 4 段和第 5 段素材中间添加一个"遮罩转场"选项卡中的"水墨"转场特效，调整其"时长"为 0.4 s，如图 11-25 所示。

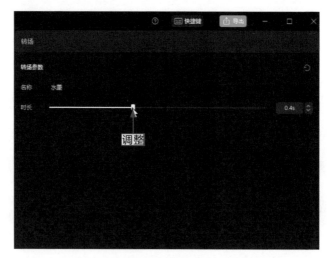

图 11-25

Step 09 ❶拖曳时间指示器至视频起始位置；❷为视频添加背景音乐，如图 11-26 所示。

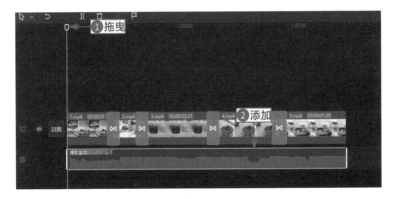

图 11-26

11.2.2 添加画面特效：《小风扇》

【效果展示】：运营者可以为视频添加一些画面特效，让视频画面充满立体感，让用户更有代入感，产生身临其境的视觉体验，本案例的效果如图 11-27 所示。

扫码看案例效果　扫码看教学视频

 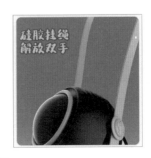

图 11-27

下面介绍在剪映中添加画面特效的操作方法。

Step 01 在 "本地" 选项卡中导入一段视频素材，将其添加到视频轨道，如图 11-28 所示。

Step 02 ❶单击 "特效" 按钮，即可切换至 "特效" 功能区；❷切换至 "基础" 选项卡；❸单击 "变彩色" 特效右下角的 "添加到轨道" 按钮⊞，如图 11-29 所示，即可为视频添加特效。

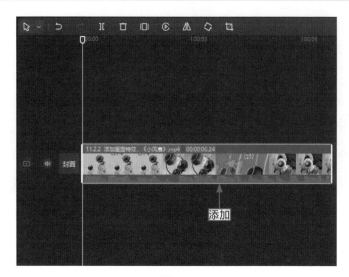

图 11-28

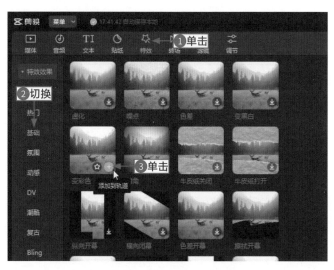

图 11-29

Step 03 在"特效"操作区中拖曳"变化速度"滑块，将参数设置为 60，如图 11-30 所示。

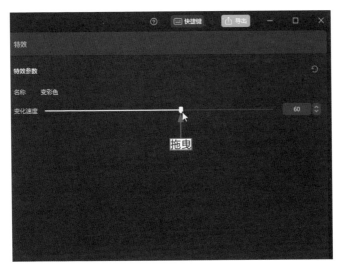

图 11-30

Step 04 按住并向右拖曳"变彩色"特效右侧的白色拉杆，调整特效的持续时长，如图 11-31 所示。

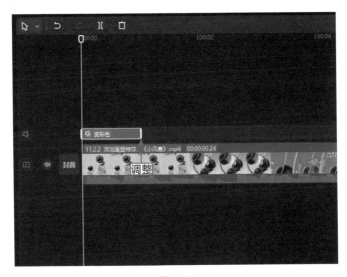

图 11-31

Step 05 ❶切换至"边框"选项卡；❷单击"粉黄渐变"特效右下角的"添加到轨道"按钮➕，如图 11-32 所示，添加一个边框特效。

图 11-32

Step 06 调整"粉黄渐变"特效的持续时长，使其与视频时长保持一致，如图 11-33 所示。

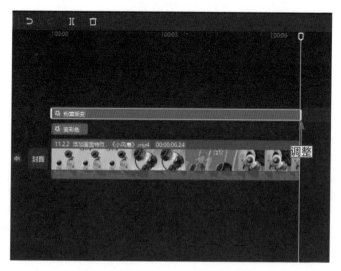

图 11-33

11.2.3　添加动画效果：《香包》

【效果展示】：在剪映中为素材添加动画效果后，就可以让素材动起来，这样在放映商品视频的时候，画面会更加生动，效果如图 11-34 所示。

扫码看案例效果　扫码看教学视频

图 11-34

下面介绍在剪映中添加动画效果的操作方法。

Step 01 在"本地"选项卡中导入 5 段视频素材，❶全选视频素材；❷单击第 1 个视频素材右下角的"添加到轨道"按钮 ，如图 11-35 所示，将 5 段素材按顺序导入视频轨道中。

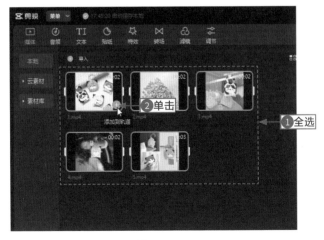

图 11-35

Step 02 选择第 1 段视频素材，如图 11-36 所示。

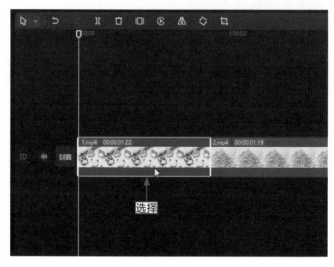

图 11-36

Step 03 ❶ 单击"动画"按钮，即可切换至"动画"操作区；❷ 切换至"组合"选项卡；❸ 选择"拉伸扭曲"动画，如图 11-37 所示。

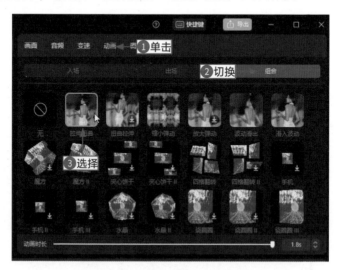

图 11-37

Step 04 用与上述操作相同的方法，为第 2 ~ 5 段视频素材分别添加"组合"选项卡中的"缩小弹动"动画、"波动滑出"动画、"滑入波动"动画和"抖入放大"动画，如图 11-38 所示。

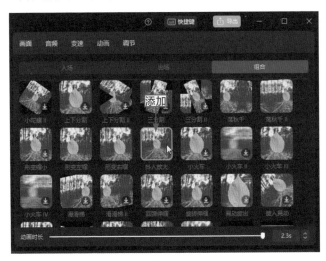

图 11-38

Step 05 拖曳时间指示器至视频起始位置，如图 11-39 所示。

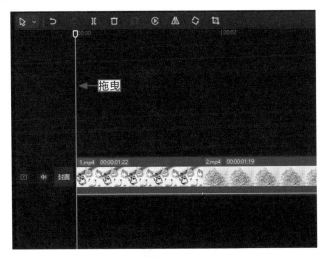

图 11-39

Step 06 ❶切换至"音频"功能区；❷展开"音频提取"选项卡；❸单击"导入"按钮，如图 11-40 所示。

图 11-40

Step 07 在弹出的"请选择媒体资源"对话框中，❶选择要提取音乐的视频；❷单击"打开"按钮，如图 11-41 所示。

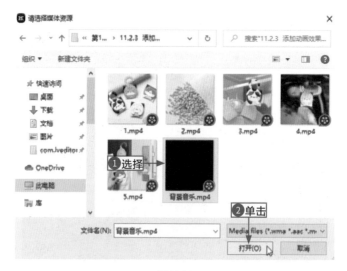

图 11-41

Step 08 单击提取音频右下角的"添加到轨道"按钮 ，如图 11-42 所示，即可为视频添加背景音乐。

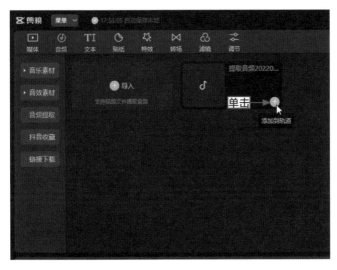

图 11-42

第12章
文案策划：
制作创意内容

除了好看的画面，吸引人的文案也是增加视频创意、提高视频转化率的好帮手。在商品视频中，运营者可以添加说明文字和电商贴纸，引导用户下单。本章主要介绍制作商品视频文案内容的操作方法。

12.1　添加视频字幕

在电商商品视频中添加文案字幕，可以让用户在几秒钟内看懂视频内容，同时这些文案还能帮助用户记住运营者要表达的信息，吸引他们收藏和下单。本节介绍添加说明文字、添加文字模板和自动生成字幕的操作方法。

12.1.1　添加说明文字：《泡泡机》

【效果展示】：运营者可以使用剪映为自己拍摄的商品视频添加文字内容，还可以根据主题的需要添加文字样式，提高视频的美观度，效果如图 12-1 所示。

扫码看案例效果　扫码看教学视频

图 12-1

下面介绍在剪映中添加说明文字的操作方法。

Step 01 在剪映中导入一段视频素材，将其添加到视频轨道，如图 12-2 所示。

Step 02 ❶切换至"文本"功能区；❷在"新建文本"选项卡中单击"默认文本"选项右下角的"添加到轨道"按钮，如图 12-3 所示。

Step 03 ❶在"文本"操作区的输入框中输入文字内容；❷在"字体"列表框中选择文字字体；❸展开"预设样式"列表框，选择文字样式，如图 12-4 所示。

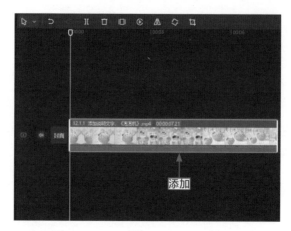

图 12-2

图 12-3

图 12-4

Step 04 ❶切换至"动画"操作区；❷在"入场"选项卡中选择"向右缓入"动画，如图 12-5 所示。

图 12-5

Step 05 拖曳文字右侧的白色拉杆，调整文字的持续时长，如图 12-6 所示。

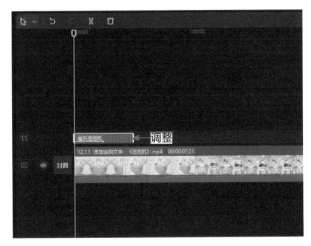

图 12-6

Step 06 ❶拖曳时间指示器至 00:00:02:12 的位置；❷在第 1 段文字上单击鼠标右键；❸在弹出的快捷菜单中选择"复制"选项，如图 12-7 所示。

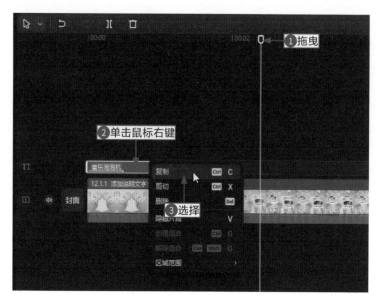

图 12-7

Step 07 ❶在时间指示器的右侧空白位置单击鼠标右键；❷在弹出的快捷菜单中选择"粘贴"选项，如图 12-8 所示。

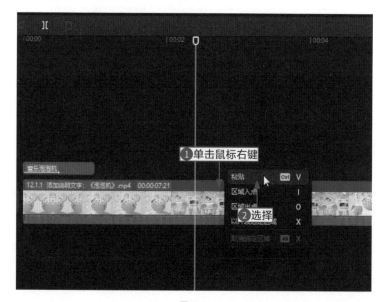

图 12-8

Step 08 修改粘贴文字的内容，如图 12-9 所示。

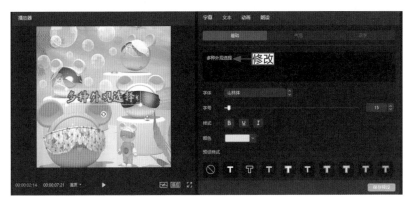

图 12-9

Step 09 调整复制文字的持续时长，如图 12-10 所示。

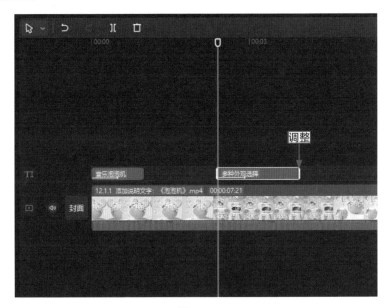

图 12-10

Step 10 用与上述操作相同的方法，分别在 00:00:04:13 和 00:00:06:22 的位置添加说明文字，如图 12-11 所示。

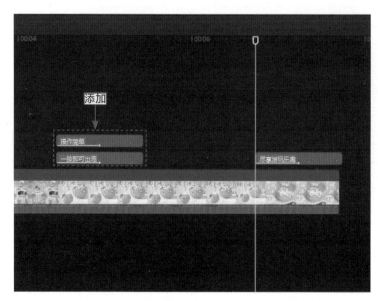

图 12-11

Step 11 在第 1 条和第 2 条文字轨道中调整文字的持续时长，如图 12-12 所示。

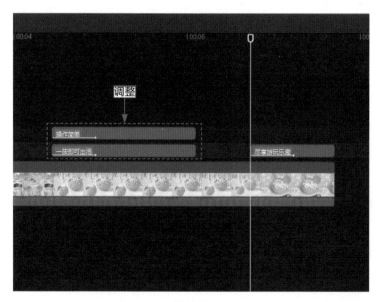

图 12-12

Step 12 在"播放器"面板的预览窗口中调整文字的位置，如图 12-13 所示。

图 12-13

12.1.2 添加文字模板：《蚊香架》

【效果展示】：剪映提供了丰富多样的文字模板，能够帮助运营者快速制作出精美的商品视频文字效果，如图 12-14 所示。

扫码看案例效果　扫码看教学视频

图 12-14

下面介绍在剪映中添加文字模板的操作方法。

Step 01 在"本地"选项卡中导入一段视频素材，将其添加到视频轨道，如图 12-15 所示。

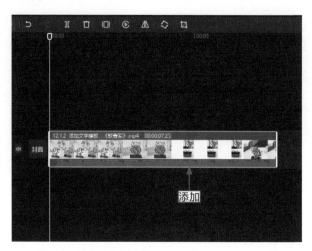

图 12-15

Step 02 ❶切换至"文本"功能区；❷展开"文字模板"选项卡；❸在"热门"选项区中单击文字模板右下角的"添加到轨道"按钮❖，如图 12-16 所示，即可为视频添加文字模板。

图 12-16

Step 03 在"文本"操作区的"第一段文本"文本框中修改文字内容，如图 12-17 所示。用与上述操作相同的方法，修改第 2 段文本的内容。

图 12-17

Step 04 按住文字模板右侧的白色拉杆并向左拖曳，调整文字模板的持续时长，如图 12-18 所示。

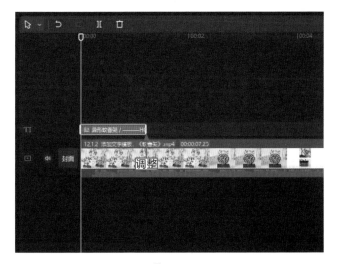

图 12-18

Step 05 在预览窗口调整文字模板的大小和位置，如图 12-19 所示。

图 12-19

Step 06 ❶拖曳时间指示器至 00:00:02:10 的位置；❷添加一个"好物种草"选项区中的文字模板，如图 12-20 所示。

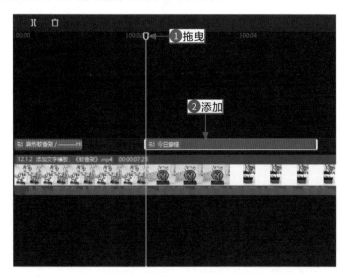

图 12-20

Step 07 ❶修改文字模板的内容；❷在预览窗口调整文字模板的位置和大小，如图 12-21 所示。

图 12-21

Step 08 调整第 2 个文字模板的持续时长，如图 12-22 所示。

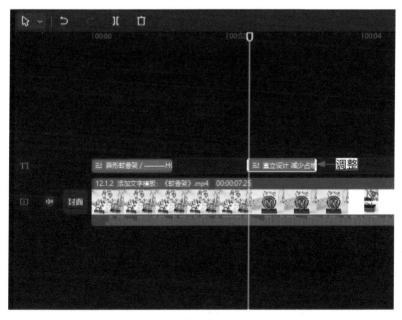

图 12-22

Step 09 ①拖曳时间指示器至 00:00:03:25 的位置；②添加一个"综艺感"选项区中的文字模板，如图 12-23 所示。

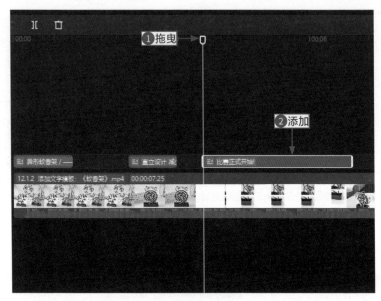

图 12-23

Step 10 ①修改文字模板的内容；②在预览窗口调整文字模板的位置和大小，如图 12-24 所示。

图 12-24

Step 11 ❶调整文字模板的持续时长；❷拖曳时间指示器至第 3 个文字
模板的起始位置；❸按 Ctrl ＋ C 组合键复制第 3 个文字模板，连续 3
次按 Ctrl ＋ V 组合键粘贴 3 段文字，如图 12-25 所示。

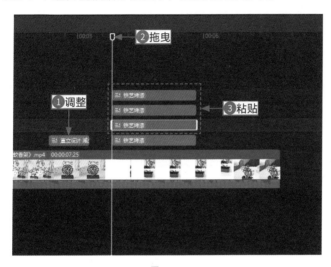

图 12-25

Step 12 修改复制的内容，如图 12-26 所示。

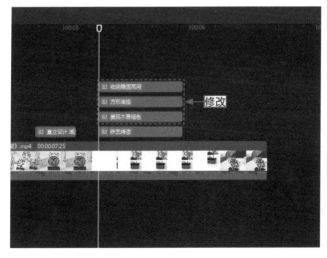

图 12-26

Step 13 在预览窗口调整复制模板的位置，如图 12-27 所示。

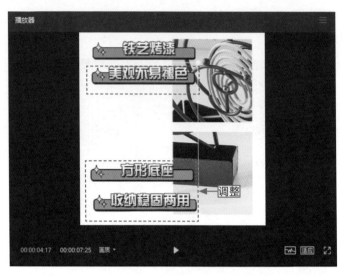

图 12-27

Step 14 ❶拖曳时间指示器至 00:00:06:16 的位置；❷添加一个"好物种草"选项区中的文字模板，如图 12-28 所示。

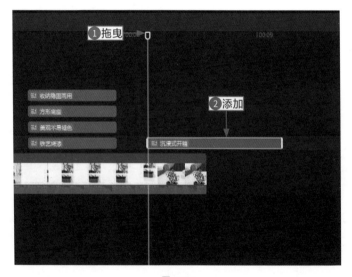

图 12-28

Step 15 ❶修改文字内容；❷在预览窗口调整模板的位置和大小，如图 12-29 所示。

图 12-29

Step 16 调整模板的持续时长，如图 12-30 所示。

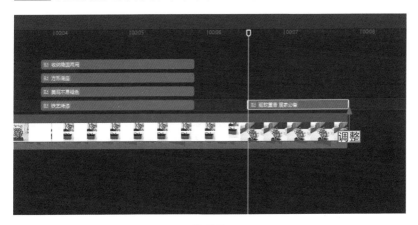

图 12-30

12.1.3　自动生成字幕：《首饰盒》

【效果展示】：剪映的"识别字幕"功能准确率非常高，能够帮助运营者快速识别商品视频中的口播文案并同步添加字幕，效果如图 12-31 所示。

扫码看案例效果　扫码看教学视频

图 12-31

下面介绍在剪映中自动生成字幕的操作方法。

Step 01 在"本地"选项卡中导入一段视频素材，将其添加到视频轨道，如图 12-32 所示。

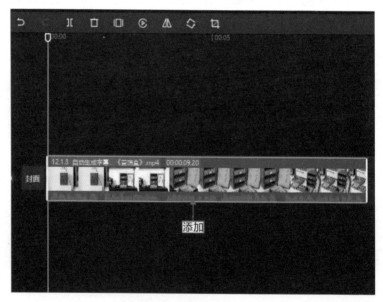

图 12-32

Step 02 ❶切换至"文本"功能区；❷展开"智能字幕"选项卡；❸单击"识别字幕"选项区中的"开始识别"按钮，如图 12-33 所示。

Step 03 弹出"字幕识别中"对话框，识别完成后，即可生成字幕文字，在"文本"操作区的"基础"选项卡中更改文字字体，如图 12-34 所示。

图 12-33

图 12-34

Step 04 在"位置大小"选项区中拖曳"缩放"滑块，设置参数为 150%，如图 12-35 所示。

Step 05 ❶切换至"花字"选项卡；❷选择花字样式，如图 12-36 所示。

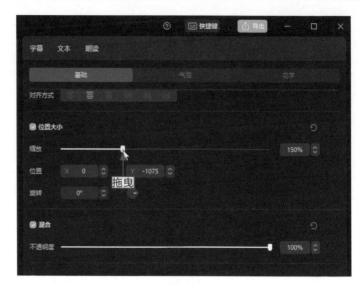

图 12-35

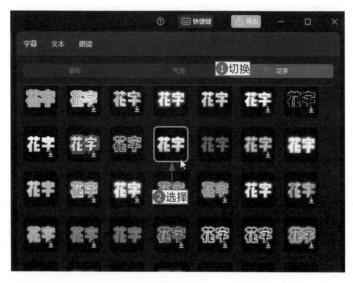

图 12-36

Step 06 ❶选择第 1 段文字；❷拖曳时间指示器至 00:00:01:03 的位置；
❸单击"分割"按钮 Ⅱ，如图 12-37 所示，对文字进行分割处理。

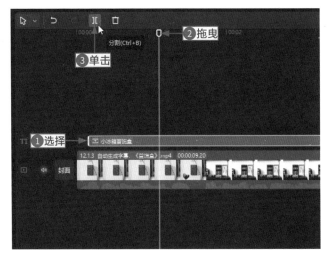

图 12-37

Step 07 根据音频内容修改文字，如图 12-38 所示。

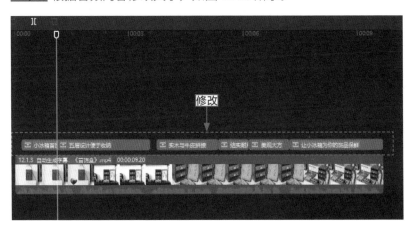

图 12-38

Step 08 选择第 1 段文字，如图 12-39 所示。

Step 09 ①切换至"动画"操作区；②在"入场"选项卡中选择"溶解"动画，如图 12-40 所示。用与上述操作相同的方法，为剩下的文字都添加"入场"选项卡中的"溶解"动画。

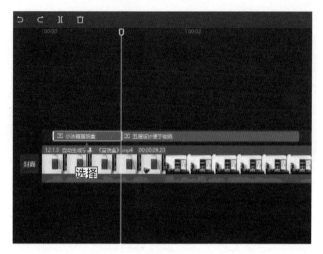

图 12-39

图 12-40

12.2 增加趣味性

运营者除了为商品视频添加各种样式的字幕，也可以为视频添加电商贴纸，让视频不再枯燥。另外，运营者还可以为文案添加配音，加深用户对宣传文案的印象。

12.2.1　给文案添加配音：《加湿器》

【效果展示】：使用剪映的"朗读"功能能够自动将商品视频中的文字内容转化为语音，优化消费者的观看体验，本案例的画面效果如图 12-41 所示。

扫码看案例效果　　扫码看教学视频

图 12-41

下面介绍在剪映中为文案添加配音的操作方法。

Step 01 在"本地"选项卡中导入一段视频素材，将其添加到视频轨道，如图 12-42 所示。

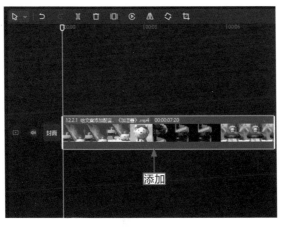

图 12-42

Step 02 ❶切换至"文本"功能区；❷单击"默认文本"选项右下角的"添加到轨道"按钮➕，如图 12-43 所示，添加一段文本。

抖音电商从入门到精通：爆款商品视频剪辑

图 12-43

Step 03 在"文本"操作区中，❶修改文字内容；❷更改文字字体，如图 12-44 所示。

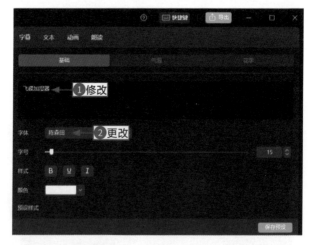

图 12-44

Step 04 ❶切换至"花字"选项卡；❷选择花字样式；❸在"文本"操作区中单击"保存预设"按钮，如图 12-45 所示。

Step 05 执行操作后，弹出"保存文本预设"对话框，❶输入预设名；❷单击"保存"按钮，如图 12-46 所示，即可保存至"我的预设"选项区。

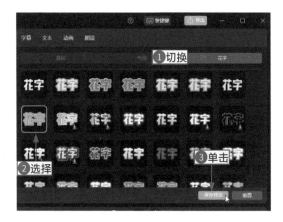

图 12-45

图 12-46

Step 06 ❶调整第 1 段文字的持续时长；❷拖曳时间指示器至 00:00:01:15 的位置，如图 12-47 所示。

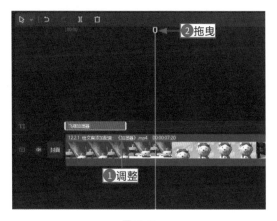

图 12-47

Step 07 在"我的预设"选项区中单击"样式 1"选项右下角的"添加到轨道"按钮 ➕，如图 12-48 所示，添加一段设置好样式的文本。

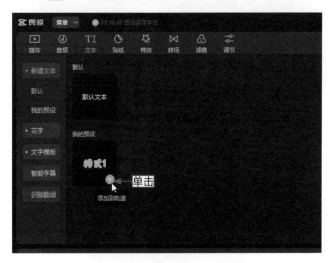

图 12-48

Step 08 在"文本"操作区的"基础"选项卡中修改文字内容，如图 12-49 所示。

图 12-49

Step 09 调整文字的持续时长，如图 12-50 所示。

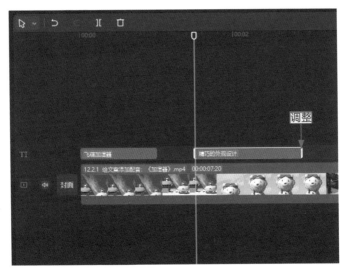

图 12-50

Step 10 用与上述操作相同的方法，分别在 00:00:03:05 和 00:00:05:07 的位置各添加一段文字，并修改文字内容，如图 12-51 所示。

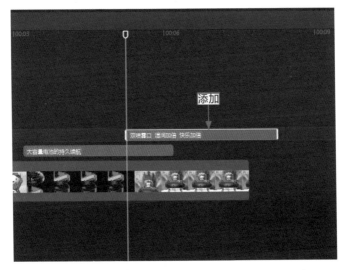

图 12-51

Step 11 ❶调整后面两段文字的持续时长；❷选择第 1 段文字，如图 12-52 所示。

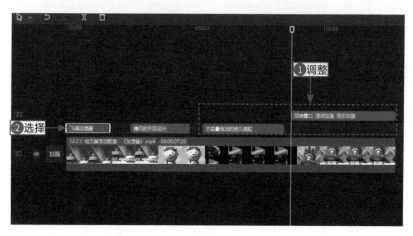

图 12-52

Step 12 调整文字的位置和大小，如图 12-53 所示。

图 12-53

Step 13 用与上述操作相同的方法，在预览窗口调整剩下 3 段文字的大小和位置，如图 12-54 所示。

图 12-54

Step 14 选择第 1 段文字，如图 12-55 所示。

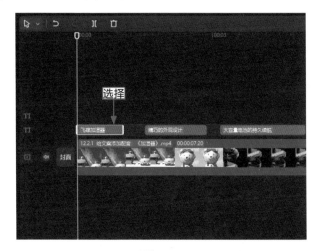

图 12-55

Step 15 ①切换至"动画"操作区；②在"入场"选项卡中选择"向下滑动"动画，如图 12-56 所示。用与上述操作相同的方法，为剩下的 3 段文字添加"入场"选项卡中的"向下滑动"动画。

图 12-56

Step 16 再次选择第 1 段文字，如图 12-57 所示。

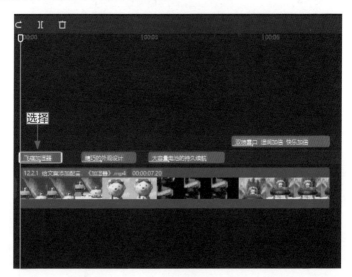

图 12-57

Step 17 ❶切换至"朗读"操作区；❷选择"亲切女声"选项；❸单击"开始朗读"按钮，如图 12-58 所示。弹出"文本朗读中"对话框，文本朗读结束后，即可生成朗读音频。

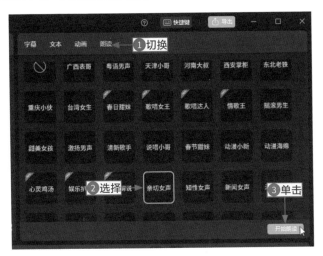

图 12-58

Step 18 ❶用与上述操作相同的方法，为剩下的 3 段文字添加"亲切女声"朗读效果；❷调整 4 段朗读音频的时长和位置，如图 12-59 所示。

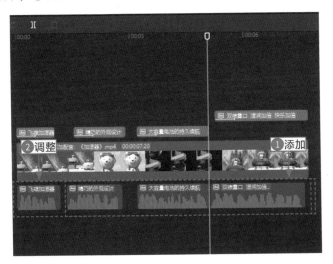

图 12-59

Step 19 拖曳时间指示器至视频起始位置，❶切换至"特效"功能区；

❷展开 Bling 选项卡；❸单击"缤纷"特效右下角的"添加到轨道"按钮 ⊕，如图 12-60 所示，为视频添加特效。

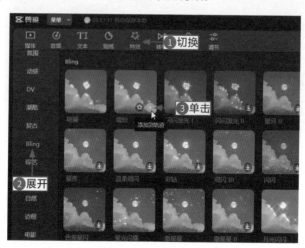

图 12-60

Step 20 在"特效"操作区中拖曳"滤镜"滑块，设置"滤镜"参数为 0，如图 12-61 所示。

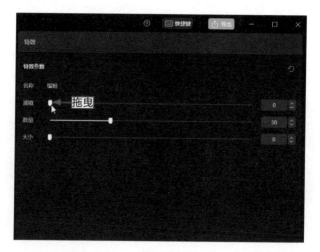

图 12-61

Step 21 调整特效的持续时长，使其与视频时长保持一致，如图 12-62 所示。

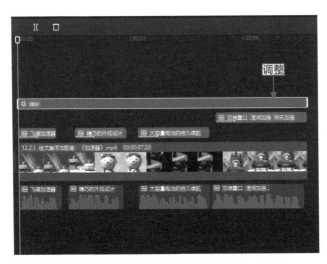

图 12-62

Step 22 ❶切换至"音频"功能区；❷展开"抖音收藏"选项卡；❸单击相应音乐右下角的"添加到轨道"按钮➕，如图 12-63 所示，为视频添加背景音乐。

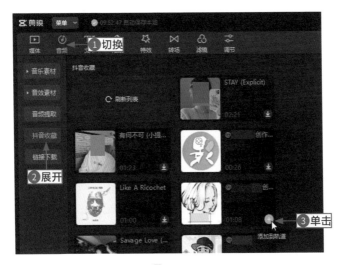

图 12-63

Step 23 ①拖曳时间指示器至 00:00:03:05 的位置；②单击"分割"按钮 ⊐⊏，如图 12-64 所示，分割音频。

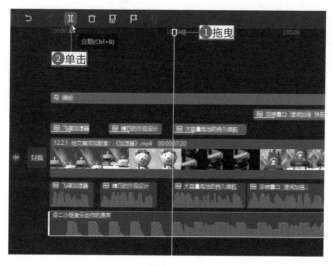

图 12-64

Step 24 ①选择分割出的前半段音频；②单击"删除"按钮 ⬜，如图 12-65 所示，删除前半段音频。

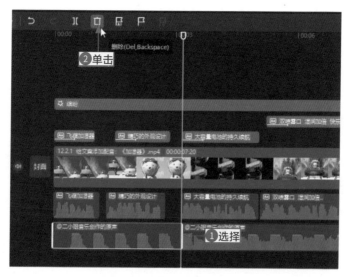

图 12-65

Step 25 ❶调整音频，使其起始位置对齐视频的起始位置；❷拖曳时间指示器至 00:00:03:05 的位置；❸单击"分割"按钮 ![，如图 12-66 所示。单击"删除"按钮 ⊡，删除多余的音频片段。

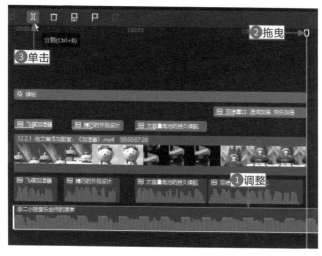

图 12-66

Step 26 为了避免用户听不清朗读音频，运营者需要将背景音乐的音量调小，选择添加的背景音乐，如图 12-67 所示。

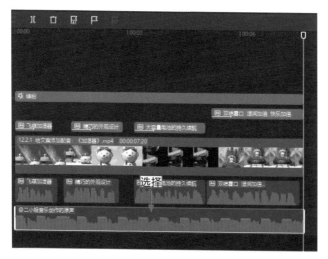

图 12-67

Step 27 在"音频"操作区中拖曳"音量"滑块，设置参数为 −13.0 dB，如图 12-68 所示。

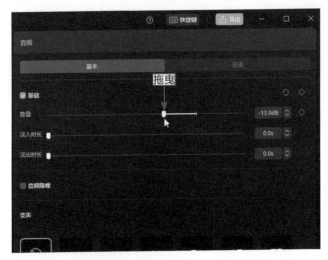

图 12-68

12.2.2 为视频添加贴纸：《隔热垫》

【效果展示】：使用剪映能够直接为商品视频添加文字贴纸，让视频画面更加精彩、有趣，吸引大家的目光，效果如图 12-69 所示。

扫码看案例效果　扫码看教学视频

图 12-69

下面介绍在剪映中为视频添加贴纸的操作方法。

Step 01 在"本地"选项卡中导入一段视频素材，将其添加到视频轨道，如图 12-70 所示。

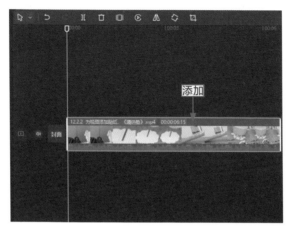

图 12-70

Step 02 ①切换至"贴纸"功能区；②在搜索框中输入"好物"；③在下方列表框中选择"好物分享"选项，如图 12-71 所示。

图 12-71

Step 03 在搜索结果中单击相应贴纸右下角的"添加到轨道"按钮，如图 12-72 所示，即可为视频添加贴纸。

图 12-72

Step 04 在"贴纸"操作区中拖曳"缩放"滑块，设置"缩放"参数为52%，如图 12-73 所示。

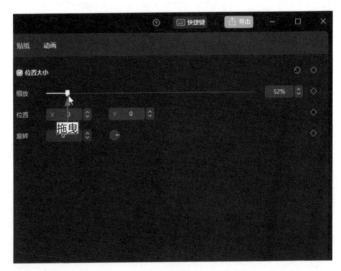

图 12-73

Step 05 ❶切换至"动画"操作区；❷在"入场"选项卡中选择"弹入"动画；❸拖曳箭头滑块，设置"动画时长"为 1.2 s，如图 12-74 所示。

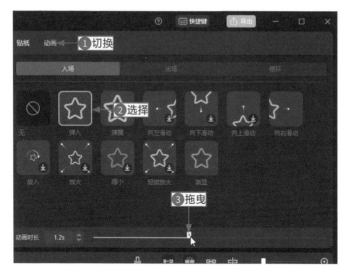

图 12-74

Step 06 调整贴纸的持续时长，如图 12-75 所示。

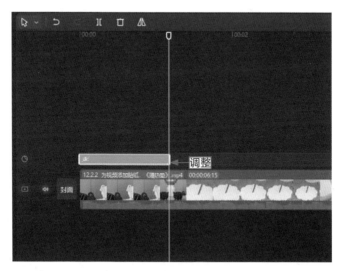

图 12-75

Step 07 在搜索框中输入"买买买"，如图 12-76 所示。

Step 08 按 Enter 键搜索贴纸，并在搜索结果中选择贴纸，单击贴纸右下角的"添加到轨道"按钮 ，如图 12-77 所示，添加第 2 个贴纸。

抖音电商从入门到精通：爆款商品视频剪辑

图 12-76

图 12-77

Step 09 ❶切换至"贴纸"操作区；❷拖曳"缩放"滑块，设置"缩放"参数为 70%，如图 12-78 所示。

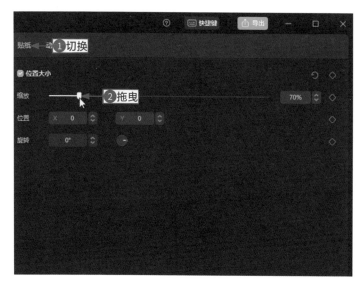

图 12-78

Step 10 ❶调整第 2 个贴纸的持续时长；❷选择第 1 个贴纸，如图 12-79 所示。

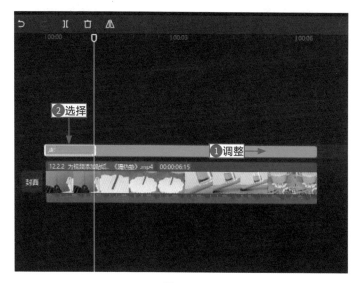

图 12-79

Step 11 在预览窗口调整其位置，如图 12-80 所示。

图 12-80

Step 12 用与上述操作相同的方法，调整第 2 个贴纸的位置，如图 12-81 所示。

图 12-81